重庆市饲用植物名录

（禾本科、豆科）

范 彦 曾 兵 尹权为 张 健 主编

中国农业科学技术出版社

图书在版编目（CIP）数据

重庆市饲用植物名录（禾本科、豆科）/ 范彦等主编 .--北京：中国农业科学技术出版社，2021. 9

ISBN 978-7-5116-5282-9

Ⅰ. ①重…　Ⅱ. ①范…　Ⅲ. ①饲料作物—重庆—名录　Ⅳ. ①S54-62

中国版本图书馆 CIP 数据核字（2021）第 068222 号

责任编辑　张国锋
责任校对　李向荣
责任印制　姜义伟　王思文

出 版 者　中国农业科学技术出版社
北京市中关村南大街 12 号　邮编：100081
电　　话　（010）82106625（编辑室）　（010）82109702（发行部）
（010）82109709（读者服务部）
传　　真　（010）82106625
网　　址　http://www.castp.cn
经 销 者　各地新华书店
印 刷 者　北京建宏印刷有限公司
开　　本　185 mm×260 mm　1/16
印　　张　19. 5　　彩插　16 面
字　　数　460 千字
版　　次　2021 年 9 月第 1 版　2021 年 9 月第 1 次印刷
定　　价　98. 00 元

《重庆市饲用植物名录（禾本科、豆科）》

编委会

主　　编　范　彦　曾　兵　尹权为　张　健

副主编　何　玮　徐远东　冉启凡　吴　平　黄　勇

参编人员（按姓氏拼音排序）

陈　静　范　彦　何　玮　胡永慧　黄琳凯
黄　勇　蒋林峰　黎远伦　梁　欢　罗　登
罗贵巧　冉启凡　唐建安　吴　平　吴佳海
王宝全　王春丽　王华平　王胤晨　徐远东
尹权为　张　健　张　丽　张璐璐　曾　兵
曾红军

第一主编简介

范彦（1973. 3-），男，四川乐山人，博士，研究员。长期从事牧草资源收集评价，新品种选育，天然草地改良利用、牧草栽培研究和技术推广。先后主持、主研科技部、农业农村部、重庆市科学技术局等省部级项目40余项。以第一完成人身份荣获重庆市科技成果11项。获重庆市政府科技进步二等奖2项，三等奖1项。在国内外各级学术期刊发表学术论文50余篇，获得国家专利授权3项，起草或参与制订地方标准10项。

内容简介

本书由作者研究团队历经10余年，对重庆市饲用植物资源调查、收集、分类、鉴定，取得了大量第一手资料，并参考前人的调查结果，系统分析、整理编著而成。全书收录了重庆市禾本科、豆科161属443种饲用植物。重点描述了饲用植物资源的生活型、分布范围、生境和饲用价值，同时，配有代表性饲用植物实物彩色照片，以便于读者查阅和参考。

本书注重编撰的科学性、内容的实用性和完整性，文字简洁，图文并茂，使用方便。可以作为科研人员、大专院校师生、基层农牧单位技术人员、从事植物资源保护与利用、草牧业开发的专业人员和相关种养殖企业人士参考书。

序

《重庆市饲用植物名录（禾本科、豆科）》即将出版，我应邀为该书作序，批阅全书，犹如老友重逢、故地重游，因为饲用植物资源调查是我和我的团队坚持近 30 年的工作。

重庆位于中国西南部、长江上游，长江横贯西东，地理条件复杂，生态环境多样，大陆性季风气候显著，植物资源丰富。据不完全统计，重庆辖区共有 6 000多种植物。丰富的植物种类是重庆宝贵的财富。丰富的植物资源中有众多的饲用植物。饲用植物资源，特别是野生饲用植物资源，是选育饲用作物新品种的重要材料。认识和了解野生饲用植物是对其充分利用的前提。对重庆辖区内饲用植物资源进行清查，并进行分类整理的工作显得尤为重要。

本书作者长期从事牧草资源调查、收集及繁育等科研工作，先后主持或参加中国南方草地牧草资源调查项目、物种品种资源保护、重庆野生植物资源调查与保护等国家和省部级项目，对重庆市的植物资源进行深入调查、采集和研究。在前人工作基础上，深入实际，潜心专研，集数十年科研成果编撰成《重庆市饲用植物名录（禾本科、豆科）》。

本书是一部基础性与应用性兼具的专著，其特点是全面、系统。本书共收录了禾本科、豆科两科 161 属 443 种饲用植物，除重庆本土饲用植物资源外，还收录了可饲用农作物及作者通过野外实地调查发现的民间用来饲喂畜禽，但以往未被记载为饲用植物的物种。这是对重庆地区饲用植物的重要补充，也是对重庆饲用植物资源新的认知和发现。

本书作为科学参考资料，具有十分重要的科学价值，对饲用植物资源的开发和利用具有十分重要的科学指导作用。

刘国道

中国热带作物学会理事长

中国热带农业科学院副院长

前　　言

重庆地处中国西南部、长江上游地区，属于典型中亚热带气候，立体气候明显。重庆北、东、南三面均为山区，长江自西向东流经全境，地形复杂多变。重庆处于我国东西及南北植物区系交错渗透的地带，大部分在我国三大植物自然分布中心之一的“鄂西川东植物分布中心”内，是我国植物种类特别丰富的地区之一，具有丰富的植物种质资源，2009 年出版的《重庆维管植物检索表》共记载维管束植物 224 科 1 521属 5 954种。

草食畜牧业是重庆山区重要的特色产业之一，丰富的植物资源蕴含大量可饲用植物，是发展草牧业的重要物质基础，本书是重庆直辖以来，第一部全面反映重庆饲用植物资源的工具书，全书分为两册，第一册共收录了重庆地区禾本科、豆科 161 属 443 种饲用植物。本书的编写，为摸清重庆饲用植物资源家底，为重庆本地饲草资源保护及优质资源开发利用提供参考资料。

书中植物顺序按恩格勒系统排列，拉丁学名基本以 Flora of China 为准，个别由于使用习惯，以《中国植物志》为准。全书收录的饲用植物依次记载了种名、科名、属名、学名、别名、生活型、分布、生境、饲用价值和其他用途等内容。分布中描述了在重庆主要产地（区、县、山脉或地区部位），外来植物及引进品种，注明了其原产地及分布现状。本书参考文献，由于数量太多，不作专项列举，敬请相关作者谅解。

本书由范彦主持编写，书中禾本科部分由曾兵、何玮、徐远东、范彦等编写，豆科部分由冉启凡、张丽、曾兵、范彦等编写。尹权为、张健、吴平等补充修改。何玮、陈静负责本书文字校对和编排，范彦负责本书图片拍摄、全书统稿和补充修改。其他参编人员在资源调查、收集和本书编写过程中参加了相关工作。前期资源调查、鉴定、整理编撰和名录编写与出版工作，得到了重庆市畜牧科学院、重庆市畜牧科学院南川分院、重庆市作物种质荣昌牧草资源库、重庆市草业工程技术研究中心、重庆市农业科学院、重庆市农业生态与资源保护站、中国热带农业科学院作物品种资源研究所等有关单位的大力支持。特别感谢重庆市师范大学何海教授、福建省农业科学院农业生态研究所应朝阳研究员、中国热带农业科学院刘国道研究员的指导与帮助。本书的出版与前期资源调查工作得到科技部科技基础资源调查项目（2017FY100601）、重庆市重点民生项目（cstc2018jscx-mszdX0060）、国家现代农业产业体系（CARS-22），重庆市草食牲畜产业体系等项目的支持，在此表示衷心的感谢。由于时间仓促，能力有限，书中难免有错误和疏漏之处，诚恳地欢迎读者批评指正。

作者

2021 年 8 月

目　　录

目录

禾本科 Gramineae

狼尾草属

狼尾草

【种名】狼尾草

【科名】禾本科

【属名】狼尾草属 *Pennisetum* Rich.

【学名】*Pennisetum alopecuroides*（L.）Spreng.

【别名】狗尾巴草、狗仔尾、老鼠狼、芮草

【生活型】多年生草本

【分布】日本、印度、朝鲜、缅甸、巴基斯坦、越南、菲律宾、马来西亚，大洋洲及非洲均有分布。我国东北、华北、华东、中南及西南各省区市均有分布。重庆市各区县常见。

【生境】海拔 50~3 200m 的田岸、荒地、道旁及小山坡上。

【饲用价值】叶量丰富，幼嫩期各种家畜可食，为优良放牧型牧草，可青贮和制作干草。

【其他用途】可作编织或造纸的原料，也可用于固堤防沙。

长序狼尾草

【种名】长序狼尾草

【科名】禾本科

【属名】狼尾草属 *Pennisetum* Rich.

【学名】*Pennisetum longissimum* S. L. Chen et Y. X. Jin

【别名】无

【生活型】多年生草本

【分布】主要分布于我国陕西、甘肃、四川、贵州及云南等地。重庆市少见，在江津四面山、南川金佛山有分布。

【生境】海拔 500~2 000m 开旷斜坡和山地。

【饲用价值】生长茂盛，适口性良好，牛、羊、马一般喜食其嫩叶，生长后期，适口性降低。为中等偏上牧草。

【其他用途】可栽植于河边及梯田边缘，以防止土壤流失。

象　草

【种名】象草

【科名】禾本科

【属名】狼尾草属 *Pennisetum* Rich.

【学名】*Pennisetum purpureum* Schum.

【别名】紫狼尾草

【生活型】多年生草本

【分布】原产非洲。引种栽培至印度、缅甸、大洋洲及美洲。我国南方各省区市均有引进栽培。重庆市作栽培种引进，各地均有栽培。

【生境】田间地头及农耕荒地。

【饲用价值】产量高，适口性好，为热带和亚热带高产优质饲草。

【其他用途】可作生物能源草，替代煤炭石油发电，$1hm^2$ 的象草产生的能量可替代36桶石油。

杂交狼尾草

【种名】杂交狼尾草

【科名】禾本科

【属名】狼尾草属 *Pennisetum* Rich.

【学名】*Pennisetum americanum* × *P. purpureum*

【别名】皇竹草、王草、巨象草

【生活型】多年生草本

【分布】主要在世界热带和亚热带地区栽培。我国主要在海南、广东、广西、福建、江西、江苏、浙江等省区栽培。重庆市各区县均有引进栽培。

【生境】温暖湿润气候，土层深厚肥沃的黏质土壤。

【饲用价值】再生能力强，可多次刈割，优质高产，草食家畜和鱼类均食，可鲜喂，也可青贮，为热带和亚热带高产优质饲草。

【其他用途】可作生物能源草。

白　草

【种名】白草

【科名】禾本科

【属名】狼尾草属 *Pennisetum* Rich.

【学名】*Pennisetum centrasiaticum* Tzvel.

【别名】无

【生活型】多年生草本

【分布】我国主要分布于黑龙江、吉林、辽宁、内蒙古、河北、山西、陕西、甘肃、青海、四川（西北部）、云南（北部）、西藏等省区。重庆市大巴山区城口县、巫溪县、三峡库区各区县有分布。

【生境】海拔 800~4 600m 山坡和较干燥之处。

【饲用价值】茎叶柔软，再生性良好，牛、马、羊、骆驼都喜食，可作优良牧草。

【其他用途】有药用价值，全草可入药，性味甘，有祛寒清热利尿、凉血止血的作用。

马唐属

升马唐

【种名】升马唐
【科名】禾本科
【属名】马唐属 *Digitaria* Haller
【学名】*Digitaria ciliaris*（Retz.）Koel.
【别名】纤毛马唐
【生活型】一年生草本
【分布】广泛分布于世界的热带、亚热带地区。我国南北各省区市均有分布。重庆市各区县常见。
【生境】生于路旁、荒野、荒坡。
【饲用价值】茎叶可作优良饲草，草质较为柔嫩，各种牲畜均喜食。
【其他用途】未知。

十字马唐

【种名】十字马唐
【科名】禾本科
【属名】马唐属 *Digitaria* Haller
【学名】*Digitaria cruciata*（Nees）A. Camus
【别名】十子马唐、熟地草
【生活型】一年生草本
【分布】印度、尼泊尔有分布，我国主要分布于湖北、四川、贵州、云南、西藏等省区。重庆市各区县中高海拔地区有分布。
【生境】海拔 900~2 700m 山坡草地。
【饲用价值】优良牧草，草质较为柔嫩，各种牲畜均喜食。
【其他用途】谷粒可供食用。

马　唐

【种名】马唐

【科名】禾本科

【属名】马唐属 *Digitaria* Haller

【学名】*Digitaria sanguinalis*（L.） Scop.

【别名】无

【生活型】一年生草本

【分布】广泛分布于温带和亚热带山地。我国主要分布于西藏、四川、新疆、陕西、甘肃、山西、河北、河南及安徽等省区。重庆市各区县常见。

【生境】生于路旁、田野。

【饲用价值】优良饲草，草质较为柔嫩，各种牲畜均喜食。

【其他用途】药用，有明目润肺的功效；可作绿肥；也可作固土、绿化等地被植物。

三数马唐

【种名】三数马唐

【科名】禾本科

【属名】马唐属 *Digitaria* Haller

【学名】*Digitaria ternata*（Hochst.） Stapf ex Dyer

【别名】无

【生活型】一年生草本

【分布】非洲、印度至马来西亚有分布。我国主要分布于四川、云南、广西等省区。重庆市各区县零散分布。

【生境】生于林地或田野。

【饲用价值】全株可作饲草，为良等饲用植物。

【其他用途】未知。

止血马唐

【种名】止血马唐

【科名】禾本科

【属名】马唐属 *Digitaria* Haller

【学名】*Digitaria ischaemum*（Schreb.） Schreb.

【别名】无

【生活型】一年生草本

【分布】欧亚温带地区广泛分布。我国主要分布于黑龙江、吉林、辽宁、内蒙古、甘肃、新疆、西藏、陕西、山西、河北、四川及台湾等省区。重庆市各区县常见。

【生境】生于田野、河边润湿的地方。
【饲用价值】茎叶可作饲草，可青饲、青贮、制作干草。
【其他用途】全草可入药，有凉血止血的功效。

毛马唐

【种名】毛马唐
【科名】禾本科
【属名】马唐属 *Digitaria* Haller
【学名】*Digitaria ciliaris* var. *chrysoblephara*（Figari & De Notaris）R. R. Stewart
【别名】黄繸马唐
【生活型】一年生草本
【分布】分布于世界亚热带和温带地区。我国主要分布于黑龙江、吉林、辽宁、河北、山西、河南、甘肃、陕西、四川、安徽及江苏等省区。重庆市各区县有分布。
【生境】路旁或田野。
【饲用价值】全株可饲用，为良等饲用植物。
【其他用途】未知。

紫马唐

【种名】紫马唐
【科名】禾本科
【属名】马唐属 *Digitaria* Haller
【学名】*Digitaria violascens* Link
【别名】五指草
【生活型】一年生草本
【分布】美洲及亚洲的热带地区皆有分布。我国主要分布于山西、河北、河南、山东、江苏、安徽、浙江、台湾、福建、江西、湖北、湖南、四川、贵州、云南、广西、广东、陕西、新疆等省区。重庆市各区县均有分布。
【生境】海拔 1 000m 左右的山坡草地、路边、荒野。
【饲用价值】全株可饲用，为良等饲用植物。
【其他用途】未知。

剪股颖属

巨序剪股颖

【种名】巨序剪股颖

【科名】禾本科

【属名】剪股颖属 *Agrostis* Linn.

【学名】*Agrostis gigantea* Roth

【别名】小糠草

【生活型】多年生草本

【分布】分布于俄罗斯、日本、中国等地。我国主要分布于黑龙江、吉林、辽宁、河北、内蒙古、山西、山东、陕西、甘肃、青海、新疆、江苏、江西、安徽、西藏、云南等省区。重庆市各区县零散分布。

【生境】低海拔的潮湿处、山坡、山谷和草地上。

【饲用价值】草质柔软，叶量较多，适口性好，为放牧与刈割兼用的优良牧草。

【其他用途】未知。

华北剪股颖

【种名】华北剪股颖

【科名】禾本科

【属名】剪股颖属 *Agrostis* Linn.

【学名】*Agrostis clavata* Trin.

【别名】剪股颖

【生活型】多年生草本

【分布】主要分布于我国的东北和华北地区，以及山东、陕西两省。重庆市各区县有零散分布。

【生境】林下、林边、丘陵、河沟以及路旁潮湿地。

【饲用价值】适口性好，产量高，叶量大，为优良牧草。

【其他用途】可驯化建立人工草地，可作绿化草坪。

紧序剪股颖

【种名】紧序剪股颖

【科名】禾本科

【属名】剪股颖属 *Agrostis* Linn.

【学名】*Agrostis sinocontracta* S. M. Phillips & S. L. Lu

【别名】紧穗剪股颖

【生活型】多年生草本

【分布】主要分布于我国云南。重庆市偶见，巫溪县有分布。

【生境】海拔 4 000m 左右的高山草甸地区。

【饲用价值】适口性好，全株可饲用，优等饲用植物。

【其他用途】未知。

大锥剪股颖

【种名】大锥剪股颖

【科名】禾本科

【属名】剪股颖属 *Agrostis* Linn.

【学名】*Agrostis brachiata* Munro ex J. D. Hooker

【别名】无

【生活型】多年生草本

【分布】主要分布于我国的四川、甘肃。重庆市南川、武隆、江津各区县中高海拔的地方有分布。

【生境】海拔 600~2 500m 的山顶、路边。

【饲用价值】适口性好，全株可饲用，为优等饲用植物。

【其他用途】未知。

小花剪股颖

【种名】小花剪股颖

【科名】禾本科

【属名】剪股颖属 *Agrostis* Linn.

【学名】*Agrostis micrantha* Steud.

【别名】多花剪股颖

【生活型】多年生草本

【分布】在缅甸、印度有分布。我国主要分布于西藏、四川西部、云南西北部、甘肃和陕西。重庆市大巴山区中高海拔的地方有分布。

【生境】山坡、山麓、草地、田边、河边、灌丛下和林缘处。

【饲用价值】适口性好，全株可饲用，为优等饲用植物。

【其他用途】可作绿化草坪。

泸水剪股颖

【种名】泸水剪股颖

【科名】禾本科

【属名】剪股颖属 *Agrostis* Linn.

【学名】*Agrostis nervosa* Nees ex Trinius

【别名】侏儒剪股颖、丽江剪股颖、短柄剪股颖

【生活型】多年生草本

【分布】主要分布于我国云南西北部与四川省交界处。重庆市各区县偶见。

【生境】草坡、溪边和林下。

【饲用价值】适口性好，全株可饲用，为优等饲用植物。

【其他用途】可作绿化草坪。

台湾剪股颖

【种名】台湾剪股颖

【科名】禾本科

【属名】剪股颖属 *Agrostis* Linn.

【学名】*Agrostis sozanensis* Hayata

【别名】外玉山剪股颖、川中剪股颖

【生活型】多年生草本

【分布】主要分布于我国台湾、浙江、江苏、江西、安徽、湖南、四川等省区。重庆市各区零散分布。

【生境】路边和山坡。

【饲用价值】适口性好，全株可饲用，为优等饲用植物。

【其他用途】可作绿化草坪。

荩草属

荩　草

【种名】荩草
【科名】禾本科
【属名】荩草属 *Arthraxon* P. Beauv.
【学名】*Arthraxon hispidus*（Trin.）Makino
【别名】菉竹、王刍、黄草、蓐、鸱脚莎、菉蓐草、细叶秀竹、马耳草
【生活型】一年生草本
【分布】我国各省均有分布。重庆市各区县常见。
【生境】山坡草地阴湿处。
【饲用价值】幼嫩时牛、羊、马均喜食，可放牧利用，青饲，制作干草。
【其他用途】全株可入药，有止咳定喘，解毒杀虫的功效。

矛叶荩草

【种名】矛叶荩草
【科名】禾本科
【属名】荩草属 *Arthraxon* P. Beauv.
【学名】*Arthraxon lanceolatus*（Roxb.）Hochst.
【别名】无
【生活型】多年生草本
【分布】东非、印度、巴基斯坦至中国东部沿岸，喜马拉雅及我国北部至亚洲东南部以及马来西亚与苏丹有分布。我国主要分布于华北、华东、华中、西南等地以及陕西省。重庆市各区县常见。
【生境】山坡、旷野及沟边阴湿处。
【饲用价值】牛、羊、马均喜食，可放牧利用，青饲，制作干草。
【其他用途】未知。

小叶荩草

【种名】小叶荩草

【科名】禾本科

【属名】荩草属 *Arthraxon* P. Beauv.

【学名】*Arthraxon lancifolius*（Trin.） Hochst.

【别名】无

【生活型】一年生草本

【分布】印度、中南半岛和热带非洲有分布。我国主要分布于四川、云南两省。重庆市各区县有分布。

【生境】山坡较阴处。

【饲用价值】茎叶可作饲草，牛、马喜食。

【其他用途】未知。

光脊荩草

【种名】光脊荩草

【科名】禾本科

【属名】荩草属 *Arthraxon* P. Beauv.

【学名】*Arthraxon epectinatus* B. S. Sun & H. Peng

【别名】西南荩草、疏序荩草

【生活型】多年生草本

【分布】主要分布于我国四川、云南、贵州、甘肃、陕西等省。重庆市各区县零散分布。

【生境】山坡、沿岸边草丛。

【饲用价值】茎叶可作饲草。

【其他用途】未知。

野古草属

刺芒野古草

【种名】 刺芒野古草
【科名】 禾本科
【属名】 野古草属 *Arundinella* Raddi
【学名】 *Arundinella setosa* Trin.
【别名】 无
【生活型】 多年生草本
【分布】 亚洲热带、亚热带均有分布。我国主要分布于华东、华中、华南及西南各省。重庆市各区县均有分布。
【生境】 海拔2 500m以下的山坡草地、灌丛、松林或松栎林下。
【饲用价值】 南方草山草坡主要野生牧草，幼嫩期适口性好，牛、羊等均采食，抽穗后植株老化，适口性迅速下降。
【其他用途】 可作纤维原料。

毛秆野古草

【种名】 毛秆野古草
【科名】 禾本科
【属名】 野古草属 *Arundinella* Raddi
【学名】 *Arundinella hirta*（Thunb.）Tanaka
【别名】 野古草
【生活型】 多年生草本
【分布】 俄罗斯远东地区、朝鲜、日本均有分布。我国主要分布于江苏、江西、湖北、湖南等省。重庆市各县区有零散分布。
【生境】 海拔1 000m以下的山坡、路旁或灌丛中。
【饲用价值】 幼嫩期全株可作饲草，牛、羊、马均采食。
【其他用途】 根茎密集，可固堤，也可作造纸原料。

拂子茅属

拂子茅

【种名】拂子茅

【科名】禾本科

【属名】拂子茅属 *Calamagrostis* Adans.

【学名】*Calamagrostis epigeios*（L.）Roth

【别名】林中拂子茅、密花拂子茅

【生活型】多年生草本

【分布】广泛分布于欧亚大陆温带。在中国几乎各省区均有分布，但主要产于东北、华北、西北各省区。重庆市各区县均有分布。

【生境】海拔 160~3 900m 潮湿地及河岸沟渠旁。

【饲用价值】营养期为优质牧草，牲畜喜食，可放牧，制作干草。

【其他用途】根茎顽强，又耐强湿，可用于河堤山坡水土保持。

单蕊拂子茅

【种名】单蕊拂子茅

【科名】禾本科

【属名】拂子茅属 *Calamagrostis* Adans.

【学名】*Calamagrostis emodensis* Griseb.

【别名】无

【生活型】一年生草本

【分布】印度北部有分布。我国主要分布于陕西、西藏、四川、云南等省区。重庆市各区县有零散分布。

【生境】海拔 1 900~5 000m 的山坡草地。

【饲用价值】营养生长期可作优质牧草，拔节抽穗后营养价值及适口性下降。

【其他用途】未知。

假苇拂子茅

【种名】假苇拂子茅

【科名】禾本科

【属名】拂子茅属 *Calamagrostis* Adans.

【学名】*Calamagrostis pseudophragmites*（A. Haller）Koeler

【别名】假苇子

【生活型】多年生草本

【分布】欧亚大陆温带区域均有分布。我国主要分布于东北、华北、西北，四川、云贵、湖北。重庆市各区县有零散分布。

【生境】沟谷低地，以及灌溉农区的渠沟、田埂、撂荒地、山坡草地或路边低洼处。

【饲用价值】幼嫩至抽穗期可作优良牧草，抽穗期前晒制的干草为各种家畜喜食，抽穗开花以后适口性降低。

【其他用途】生活力强，可为防沙固堤的材料。

高粱属

高　粱

【种名】 高粱

【科名】 禾本科

【属名】 高粱属 *Sorghum* Moench

【学名】 *Sorghum bicolor*（L.） Moench

【别名】 蜀黍、荻粱、乌禾、茭子、木稷、藋粱、芦穄、蜀秫、芦粟、番黍

【生活型】 一年生草本

【分布】 全世界热带、亚热带和温带地区有分布。我国南北各省均有栽培。重庆市各区县均有栽培。

【生境】 喜温、喜光，对土质要求不严。

【饲用价值】 秆叶可作饲草，可青贮、鲜饲、制作干草。幼嫩植株含有氢氰酸，饲喂时要注意。

【其他用途】 食用，高粱米可作粮食，也可用于酿酒；药用，高粱米主治脾虚湿困，消化不良，高粱根能利小便，以及膝痛、脚跟痛。

拟高粱

【种名】 拟高粱

【科名】 禾本科

【属名】 高粱属 *Sorghum* Moench

【学名】 *Sorghum propinquum*（Kunth） Hitchc.

【别名】 无

【生活型】 多年生草本

【分布】 分布于中南半岛、马来半岛、菲律宾及印度尼西亚各岛屿；印度、斯里兰卡和美国有引种栽培。我国南方各省区市有分布。野生拟高粱是国家保护植物，重庆市武陵山区秀山县有分布。

【生境】 河岸旁或湿润之地。

【饲用价值】 优质饲草，为家畜和鱼类喜食，可青饲或青贮和制作干草。嫩苗含有少量氢氰酸，最好在 1m 以上收割利用。

【其他用途】可作纤维原料。

苏丹草

【种名】苏丹草

【科名】禾本科

【属名】高粱属 *Sorghum* Moench

【学名】*Sorghum sudanense*（Piper）Stapf

【别名】无

【生活型】一年生草本

【分布】原产于非洲，现世界各国有引种栽培。我国南北各省均有引种栽培。重庆市各区县均有栽培。

【生境】喜温不耐寒，对土壤要求不严，但过于湿润、排水不良或过酸过碱地的土壤上生长不良。

【饲用价值】优质牧草，为家畜和鱼类喜食。营养价值较高，适口性好，适于青饲，也可青贮和调制干草。嫩苗含有氢氰酸，饲喂时要注意。

【其他用途】未知。

石　茅

【种名】石茅

【科名】禾本科

【属名】高粱属 *Sorghum* Moench

【学名】*Sorghum halepense*（L.）Pers.

【别名】假高粱、阿拉伯高粱

【生活型】多年生草本

【分布】原产地中海沿岸各国及西非、印度、斯里兰卡等地，由于该种适应力强，已传入世界各大洲。我国南方各省区市有引种栽培。重庆市少见，偶有栽培。

【生境】山谷、河边、荒野或耕地中。

【饲用价值】秆、叶可作饲料，但含有少量氢氰酸，在饲喂时应注意。

【其他用途】可作造纸原料或水土保持的材料。

高丹草

【种名】高丹草

【科名】禾本科

【属名】高粱属 *Sorghum* Moench

【学名】*Sorghum bicolor*×*Sorghum sudanense*

【别名】无

【生活型】一年生草本

【分布】世界各国均有引种栽培。我国南北各省区市均有栽培。重庆市各区县有栽培。

【生境】喜温，对土壤要求不严，沙土壤、微酸性土和轻度盐碱地均可种植。

【饲用价值】高产优质牧草，适于青饲、青贮、调制干草。幼嫩时氢氰酸含量较高，因此高度50cm前，不要放牧或青饲。

【其他用途】未知。

薏苡属

薏　苡

【种名】薏苡

【科名】禾本科

【属名】薏苡属 *Coix* L.

【学名】*Coix lacryma-jobi* var. lacryma-jobi

【别名】菩提子、五谷子、草珠子、大薏苡、念珠薏苡

【生活型】一年生草本

【分布】亚洲热带、亚热带，印度、缅甸、泰国、马来西亚、印度尼西亚爪哇岛、菲律宾和越南有分布。我国主要分布于辽宁、河北、河南、陕西、江苏、安徽、浙江、江西、湖北、福建、台湾、广东、广西、四川、云南等省区。重庆市各区县常见。

【生境】温暖潮湿的田边地和山谷溪沟。

【饲用价值】秆、叶可作为家畜的优良饲料，可青饲、青贮和制作干草。

【其他用途】籽实具食用与药用价值。营养丰富，米仁入药有健脾、利尿、清热、镇咳之效，既可以作食品，也可以作药品。叶与根均可入药。

稗　属

稗

【种名】稗
【科名】禾本科
【属名】稗属 *Echinochloa* P. Beauv.
【学名】*Echinochloa crusgalli*（L.）P. Beauv.
【别名】稗子、稗草、扁扁草
【生活型】一年生草本
【分布】分布于全世界温暖地区。我国南北各省均有分布。重庆市各区县常见。
【生境】沼泽地、沟边及水稻田中。
【饲用价值】全株可作优质饲草，牛、羊、马均喜食。
【其他用途】未知。

光头稗

【种名】光头稗
【科名】禾本科
【属名】稗属 *Echinochloa* P. Beauv.
【学名】*Echinochloa colona*（Linn.）Link
【别名】芒稷、扒草、穇草
【生活型】一年生草本
【分布】分布于全世界温暖地区。我国南北各省均有分布。重庆市各区县常见。
【生境】田野、园圃、路边湿润地上。
【饲用价值】全株可作优质饲草，牛、羊、马均喜食。
【其他用途】未知。

旱　稗

【种名】旱稗
【科名】禾本科

【属名】稗属 *Echinochloa* P. Beauv.

【学名】*Echinochloa hispidula*（Retz.） Nees

【别名】无

【生活型】一年生草本

【分布】朝鲜、日本、印度有分布。我国主要分布于黑龙江、吉林、河北、山西、山东、甘肃、新疆、安徽、江苏、浙江、江西、湖南、湖北、四川、贵州、广东及云南等省区。重庆市各区县有分布。

【生境】田野水湿处。

【饲用价值】全株可作优质饲草，牛、羊、马均喜食。

【其他用途】未知。

水田稗

【种名】水田稗

【科名】禾本科

【属名】稗属 *Echinochloa* P. Beauv.

【学名】*Echinochloa oryzoides*（Ard.） Flritsch.

【别名】水稗

【生活型】一年生草本

【分布】自俄罗斯高加索经中亚以至东南亚都有分布。我国主要分布于河北、江苏、安徽、台湾、广东、贵州、云南、西藏、新疆等省区。重庆市各区县常见。

【生境】水湿地区。

【饲用价值】全株可作优质饲草，牛、羊、马均喜食。

【其他用途】未知。

无芒稗

【种名】无芒稗

【科名】禾本科

【属名】稗属 *Echinochloa* P. Beauv.

【学名】*Echinochloa crusgalli*（L.） Beauv. var. *mitis*（Pursh） Petermann

【别名】无

【生活型】一年生草本

【分布】全世界温暖地区均有分布。我国东北、华北、西北、华东、西南及华南等省区均有分布。重庆市各区县均有分布。

【生境】生于水边或路边草地上。

【饲用价值】全株可作优良饲草，牛、羊、马均喜食。

【其他用途】未知。

西来稗

【种名】西来稗

【科名】禾本科

【属名】稗属 *Echinochloa* P. Beauv.

【学名】*Echinochloa crusgalli*（L.） P. Beauv. var. *zelayensis*（Kunth） Hitchcock

【别名】无

【生活型】一年生草本

【分布】全世界温暖地区均有分布。我国东北、华北、西北、华东、西南及华南等省区市均有分布。重庆市各区县均有分布。

【生境】多生于水边或稻田中。

【饲用价值】全株可作优良饲草，牛、羊、马均喜食。

【其他用途】未知。

紫穗稗

【种名】紫穗稗

【科名】禾本科

【属名】稗属 *Echinochloa* P. Beauv.

【学名】*Echinochloa esculenta*（A. Braun） H. Scholz

【别名】无

【生活型】一年生草本

【分布】全世界温带地区皆有栽培。重庆市武陵山区大娄山脉各区县有分布。

【生境】多生于水边或稻田中。

【饲用价值】全株可作优良饲草，牛、羊、马均喜食。

【其他用途】籽实可作粮食。

湖南稗子

【种名】湖南稗子

【科名】禾本科

【属名】稗属 *Echinochloa* P. Beauv.

【学名】*Echinochloa frumentacea*（Roxb.） Link

【别名】无

【生活型】一年生草本

【分布】广泛栽培于亚洲热带及非洲温暖地区。我国河南、安徽、台湾、四川、广西、云南等地均有引种栽培。重庆市三峡库区各区县有引种栽培。

【生境】喜温、喜湿，对土壤要求不严，沙壤土、黏土均能生长。

【饲用价值】高产优质牧草，叶量丰富，适口性好，家畜喜食，可青饲、青贮和制作干草。

【其他用途】籽实可供人类食用或酿酒。

雀稗属

双穗雀稗

【种名】双穗雀稗

【科名】禾本科

【属名】雀稗属 *Paspalum* L.

【学名】*Paspalum paspaloides*（Michx.） Scribn.

【别名】无

【生活型】多年生草本

【分布】全世界热带、亚热带地区均有分布。我国主要分布于江苏、台湾、湖北、湖南、云南、广西、海南等省区。重庆市各区县均有分布。

【生境】田边路旁及农耕荒地。

【饲用价值】可作优质牧草，各种草食动物喜食，可以青贮，也宜晒制干草。

【其他用途】未知。

长叶雀稗

【种名】长叶雀稗

【科名】禾本科

【属名】雀稗属 *Paspalum* L.

【学名】*Paspalum longifolium* Roxb.

【别名】无

【生活型】多年生草本

【分布】印度、马来西亚至大洋洲以及日本均有分布。我国主要分布于台湾、云南、广西、广东等省区。重庆市各区县有零散分布。

【生境】潮湿山坡田边。

【饲用价值】茎叶柔嫩，叶量丰富，为牛、羊所喜食，可放牧，亦可刈割饲喂。

【其他用途】未知。

雀稗

【种名】雀稗

【科名】禾本科

【属名】雀稗属 *Paspalum* L.

【学名】*Paspalum thunbergii* Kunth ex Steud.

【别名】无

【生活型】多年生草本

【分布】日本、朝鲜有分布。我国主要分布于江苏、浙江、台湾、福建、江西、湖北、湖南、四川、贵州、云南、广西、广东等省区。重庆市各区县常见。

【生境】荒野潮湿草地或水田边。

【饲用价值】可作放牧用的优质牧草。

【其他用途】未知。

圆果雀稗

【种名】圆果雀稗

【科名】禾本科

【属名】雀稗属 *Paspalum* L.

【学名】*Paspalum orbiculare* Forst.

【别名】无

【生活型】多年生草本

【分布】亚洲东南部至大洋洲均有分布。我国主要分布在江苏、浙江、台湾、福建、江西、湖北、四川、贵州、云南、广西、广东等省区。重庆市各区县均有分布。

【生境】低海拔地区的荒坡、草地、路旁及田间。

【饲用价值】营养价值高、草质甜、适口性好，家畜喜食，也是草食性鱼类理想饲料。

【其他用途】未知。

燕麦属

野燕麦

【种名】野燕麦

【科名】禾本科

【属名】燕麦属 *Avena* L.

【学名】*Avena fatua* L.

【别名】燕麦草、乌麦、南燕麦

【生活型】一年生草本

【分布】欧、亚、非三洲的温寒带地区、北美有分布。我国南北各省均有分布。重庆市大巴山区、三峡库区、武陵山区各区县高海拔山区有分布。

【生境】田间地头及农耕荒地。

【饲用价值】优质饲草，适口性好，家畜喜食，可青饲、青贮、制作干草。

【其他用途】种子可食用，茎叶也可作造纸原料。

光稃野燕麦

【种名】光稃野燕麦

【科名】禾本科

【属名】燕麦属 *Avena* L.

【学名】*Avena fatua* L. var. *glabrata* Peterm

【别名】光轴野燕麦

【生活型】一年生草本

【分布】分布于欧洲及温暖的亚洲和北非。我国南北各省区市均有分布。重庆市偶见，大巴山区城口县、巫溪县有分布。

【生境】山坡草地、路旁及农田中。

【饲用价值】全株可作优质牧草。

【其他用途】可作粮食，也可作造纸原料。

燕　麦

【种名】燕麦

【科名】禾本科

【属名】燕麦属 *Avena* L.

【学名】*Avena sativa* L.

【别名】香麦、铃铛麦

【生活型】一年生草本

【分布】世界性栽培作物，主要集中产区是北半球的温带地区。我国的主产区有内蒙古、河北、吉林、山西、陕西、青海和甘肃等省区，云、贵、川、藏有小面积的种植。重庆市各区县有引种栽培。

【生境】喜高寒、干燥的气候。

【饲用价值】全株为优质牧草，奶牛等家畜喜食，可青饲、青贮和制作干草。

【其他用途】可磨面食用，提取物也可用于化妆品和药品。

细柄草属

硬秆子草

【种名】硬秆子草
【科名】禾本科
【属名】细柄草属 *Capillipedium* Stapf
【学名】*Capillipedium assimile*（Steud.） A. Camus
【别名】竹枝细柄草
【生活型】多年生草本
【分布】印度东北部、中南半岛、马来西亚、印度尼西亚及日本有分布。我国主要分布于华中、广东、广西及西藏（吉隆县）等省区。重庆市长江沿岸各区县有分布。
【生境】河边、林中或湿地上。
【饲用价值】茎叶可作饲草，幼嫩时家畜喜食，为良等饲草。
【其他用途】未知。

细柄草

【种名】细柄草
【科名】禾本科
【属名】细柄草属 *Capillipedium* Stapf
【学名】*Capillipedium parviflorum*（R. Br.） Stapf
【别名】吊丝草
【生活型】多年生草本
【分布】广布于欧、亚、非之热带与亚热带地区。我国主要分布于华东、华中以至西南地区。重庆市各区县均有分布。
【生境】山坡草地、河边、灌丛中。
【饲用价值】茎叶可作饲草，幼嫩时家畜喜食，为良等饲草。
【其他用途】未知。

多节细柄草

【种名】多节细柄草

【科名】禾本科

【属名】细柄草属 *Capillipedium* Stapf

【学名】*Capillipedium spicigerum* S. T. Blake

【别名】无

【生活型】多年生草本

【分布】特产于我国台湾。重庆市偶见，长江沿岸区县有零星分布。

【生境】山坡草地、河边、灌丛中。

【饲用价值】茎叶可作饲草，幼嫩时家畜喜食，为良等饲草。

【其他用途】未知。

早熟禾属

早熟禾

【种名】 早熟禾

【科名】 禾本科

【属名】 早熟禾属 *Poa* L.

【学名】 *Poa annua* L.

【别名】 无

【生活型】 一年生草本

【分布】 欧洲、亚洲及北美均有分布。我国南北各省区市均有分布。重庆市各区县有分布。

【生境】 海拔 100~4 800m 的平原和丘陵的路旁草地、田野水沟或荫蔽荒坡湿地。

【饲用价值】 全株可作饲草，质感柔嫩，适口性好，各种家畜均喜欢采食。

【其他用途】 药用，有降血糖的功效，可作草坪绿化。

低山早熟禾

【种名】 低山早熟禾

【科名】 禾本科

【属名】 早熟禾属 *Poa* L.

【学名】 *Poa versicolor* subsp. *stepposa*（Krylov） Tzvelev

【别名】 外贝加早熟禾、葡系早熟禾

【生活型】 多年生草本

【分布】 俄罗斯西伯利亚、中亚、蒙古国及欧洲均有分布。我国主要分布于黑龙江、新疆、青海。重庆市偶见，中高海拔地区有分布。

【生境】 海拔 500~2 300m 山坡草甸草原。

【饲用价值】 全株可作饲草，适口性好，家畜喜食，可放牧利用。

【其他用途】 未知。

白顶早熟禾

【种名】白顶早熟禾

【科名】禾本科

【属名】早熟禾属 *Poa* L.

【学名】*Poa acroleuca* Steud.

【别名】无

【生活型】一年生或越年生草本

【分布】朝鲜、日本有分布。我国主要分布在河南、陕西、山东、江苏、安徽、湖北、四川、云南、西藏、贵州、广西、广东、湖南、江西、浙江、福建、台湾等省区。重庆市常见，各区县中高海拔地区有分布。

【生境】海拔 500~1 500m 沟边阴湿草地。

【饲用价值】全株可作饲草，适口性好，家畜喜食，可放牧利用。

【其他用途】可用作草坪绿化。

喀斯早熟禾

【种名】喀斯早熟禾

【科名】禾本科

【属名】早熟禾属 *Poa* L.

【学名】*Poa khasiana* Stapf

【别名】台湾早熟禾

【生活型】多年生草本

【分布】印度东北部、缅甸（西北部那加山脉）、尼泊尔有分布。我国主要分布于四川西部、云南西北部、西藏南部。重庆市少见，长江沿岸高海拔地区有分布。

【生境】海拔 3 000~4 000m 的高山疏林下、山坡灌丛草地或路旁。

【饲用价值】全株可作饲草，适口性好，家畜喜食，可放牧利用。

【其他用途】可作草坪绿化。

法氏早熟禾

【种名】法氏早熟禾

【科名】禾本科

【属名】早熟禾属 *Poa* L.

【学名】*Poa faberi* Rendle

【别名】细长早熟禾、少叶早熟禾

【生活型】多年生草本

【分布】分布于东亚地区。我国主要分布于浙江、江苏、安徽、湖南、湖北、四川、西藏、云南、贵州等省区。重庆市各区县零散分布。

【生境】海拔 200~1 200m 的平原山坡、灌丛草地、山顶林缘、河沟路旁、沙滩田边。

【饲用价值】全株可作饲草，适口性好，家畜喜食，可放牧利用。

【其他用途】可用作草坪绿化。

锡金早熟禾

【种名】锡金早熟禾

【科名】禾本科

【属名】早熟禾属 *Poa* L.

【学名】*Poa sikkimensis*（Stapf） Bor

【别名】画眉草状早熟禾、套鞘早熟禾

【生活型】一年生或越年生草本

【分布】印度西北部、尼泊尔、克什米尔地区有分布。我国主要分布于四川西部、西藏、青海。重庆市少见，常见沿岸高海拔地区有分布。

【生境】海拔 4 000m 山坡草地。

【饲用价值】全株可作饲草，适口性好，家畜喜食，可放牧利用。

【其他用途】未知。

硬质早熟禾

【种名】硬质早熟禾

【科名】禾本科

【属名】早熟禾属 *Poa* L.

【学名】*Poa sphondylodes* Trin.

【别名】基隆早熟禾

【生活型】多年生草本

【分布】主要分布于我国黑龙江、吉林、辽宁、内蒙古、山西、河北、山东、江苏等省区。重庆市少见，大巴山区有分布。

【生境】山坡草原干燥沙地。

【饲用价值】全株可作饲草，适口性好，家畜喜食，可放牧利用。

【其他用途】可作药用，具有清热解毒，利尿通淋之功效。

山地早熟禾

【种名】山地早熟禾

【科名】禾本科

【属名】早熟禾属 *Poa* L.

【学名】*Poa versicolor* subsp. *orinosa*（Keng） Olonova & G. Zhu

【别名】疑早熟禾、硬叶早熟禾、蔺状早熟禾
【生活型】多年生草本
【分布】主要分布于我国陕西、四川北部。重庆市长江沿岸各区县有零散分布。
【生境】海拔 2 600~3 600m 山坡草地。
【饲用价值】全株可作饲草，适口性好，家畜喜食，可放牧利用。
【其他用途】未知。

芦竹属

芦　竹

【种名】芦竹

【科名】禾本科

【属名】芦竹属 *Arundo* L.

【学名】*Arundo donax* L.

【别名】花叶芦竹、毛鞘芦竹

【生活型】多年生草本

【分布】广泛分布于亚洲、非洲、大洋洲热带地区，我国主要分布于广东、海南、广西、贵州、云南、四川、湖南、江西、福建、台湾、浙江、江苏等省区。重庆市各区县常见。

【生境】河岸道旁、沙质壤土上生长。

【饲用价值】植株高大，叶量丰富，幼嫩时为优质饲草，牛喜食，可青饲、青贮、制作干草。

【其他用途】制优质纸浆和人造丝的原料；秆可制管乐器中的簧片；药用，有清热泻火的功效，提取物有降压及解痉作用；可用于生产生物燃料。

野青茅属

糙野青茅

【种名】糙野青茅

【科名】禾本科

【属名】野青茅属 *Deyeuxia* Clarion ex P. Beauv.

【学名】*Deyeuxia scabrescens*（Griseb.） Munro ex Duthie

【别名】西康野青茅、小糙野青茅

【生活型】多年生草本

【分布】印度有分布。我国主要分布于甘肃、西藏、青海、陕西秦岭南北坡、四川、云南、湖北。重庆市各区县均有分布。

【生境】海拔 2 000~4 600m 高山草地或林下。

【饲用价值】全株可作饲草，拔节抽穗前为良等饲草，家畜喜食。

【其他用途】未知。

野青茅

【种名】野青茅

【科名】禾本科

【属名】野青茅属 *Deyeuxia* Clarion ex P. Beauv.

【学名】*Deyeuxia arundinacea*（Linn.） Beauv.

【别名】亨利野青茅、短舌野青茅、房县野青茅、湖北野青茅、台湾野青茅、长序野青茅

【生活型】多年生草本

【分布】欧亚大陆的温带地区均有分布。我国主要分布于东北、华北、华中及陕西、甘肃、四川、云南、贵州等省区。重庆市各区县常见。

【生境】海拔 360~4 200m 山坡草地、林缘、灌丛山谷溪旁、河滩草丛。

【饲用价值】全株可作饲草，但适口性中等，宜于大家畜采食。

【其他用途】未知。

疏穗野青茅

【种名】疏穗野青茅

【科名】禾本科

【属名】野青茅属 *Deyeuxia* Clarion ex P. Beauv.

【学名】*Deyeuxia effusiflora* Rendle

【别名】疏花野青茅

【生活型】多年生草本

【分布】我国主要分布于四川、云南、陕西、河南。重庆市少见，分布于长江沿岸各区县中高海拔地区。

【生境】海拔 600~2 500m 山谷、沟边潮湿之处。

【饲用价值】茎叶可作饲草，适口性中等，宜于大家畜采食。

【其他用途】未知。

密穗野青茅

【种名】密穗野青茅

【科名】禾本科

【属名】野青茅属 *Deyeuxia* Clarion ex P. Beauv.

【学名】*Deyeuxia conferta* Keng

【别名】无

【生活型】多年生草本

【分布】主要分布于我国甘肃、青海、陕西。重庆市三峡库区高海拔地区零星分布。

【生境】海拔 2 000~3 400m 山坡草地。

【饲用价值】全株可作饲草，幼嫩时为良等饲草。

【其他用途】未知。

箱根野青茅

【种名】箱根野青茅

【科名】禾本科

【属名】野青茅属 *Deyeuxia* Clarion ex P. Beauv.

【学名】*Deyeuxia hakonensis*（Franch. et Sav.） Keng

【别名】无

【生活型】多年生草本

【分布】主要分布于我国安徽、浙江、江西、湖北、广州、四川、贵州。重庆市南川区金佛山区域有分布。

【生境】海拔 680~2 100m 山坡草地、林下及山谷溪边石缝中。

【饲用价值】全株可作饲草，幼嫩时为良等饲草，牛喜食。

【其他用途】未知。

大叶章

【种名】大叶章

【科名】禾本科

【属名】野青茅属 *Deyeuxia* Clarion ex P. Beauv.

【学名】*Deyeuxia purpurea*（Trinius）Kunth

【别名】苫房草、小叶章

【生活型】多年生草本

【分布】欧亚大陆温寒地带均有分布，主要分布于俄罗斯、蒙古国、朝鲜、日本。我国主要分布于东北、华北，陕西、新疆、四川、湖北、内蒙古。重庆市三峡库区有分布。

【生境】海拔 700~3 600m 的山坡草地、林下、沟谷潮湿草地。

【饲用价值】优质牧草，草质柔软，适口性好。可用于放牧或调制干草、青贮。

【其他用途】未知。

长舌野青茅

【种名】长舌野青茅

【科名】禾本科

【属名】野青茅属 *Deyeuxia* Clarion ex P. Beauv.

【学名】*Deyeuxia arundinacea*（L.）Beauv. var. *ligulata*（Rendle）P. C. Kuo et S. L. Lu

【别名】无

【生活型】多年生草本

【分布】主要分布于我国湖北、湖南、安徽、江西、四川、云南。重庆市大娄山脉江津区、南川区有分布。

【生境】海拔 1 600~2 400m 路旁、沟边草丛。

【饲用价值】茎叶可作饲草，幼嫩时为良等饲草。

【其他用途】未知。

芒 属

五节芒

【种名】五节芒

【科名】禾本科

【属名】芒属 *Miscanthus* Andersson

【学名】*Miscanthus floridulus*（Lab.）Warb. ex K. Schum. et Lauterb.

【别名】无

【生活型】多年生草本

【分布】自亚洲东南部太平洋诸岛屿至波利尼西亚均有分布。我国主要分布于江苏、浙江、福建、台湾、广东、海南、广西等省区。重庆市各区县均有分布。

【生境】低海拔撂荒地与丘陵潮湿谷地和山坡或草地。

【饲用价值】全株幼嫩时牛、羊可食，为南方草山草坡常见饲草，可青饲、青贮。

【其他用途】秆可作造纸原料；根状茎可入药，有利尿的功效。

芒

【种名】芒

【科名】禾本科

【属名】芒属 *Miscanthus* Andersson

【学名】*Miscanthus sinensis* Anderss.

【别名】花叶芒、高山鬼芒、金平芒、薄、芒草、高山芒、紫芒、黄金芒

【生活型】多年生草本

【分布】产于江苏、浙江、江西、湖南、福建、台湾、广东、海南、广西、四川、贵州、云南等省区；也分布于朝鲜、日本。重庆市各区县常见。

【生境】遍布于海拔 1 800m 以下的山地、丘陵和荒坡原野。

【饲用价值】全株幼嫩时可饲用，是中国南方传统青饲料，牛喜食。

【其他用途】造纸原料；作能源作物，以生产生物燃料，主要为酒精；也有一些芒草培养用来作为观赏植物；药用，其根、茎、花及含寄生虫的幼茎、芒气笋子均可入药。

尼泊尔芒

【种名】尼泊尔芒

【科名】禾本科

【属名】芒属 *Miscanthus* Andersson

【学名】*Miscanthus nepalensis*（Trinius）Hackel

【别名】尼泊尔双药芒

【生活型】多年生草本

【分布】多分布于印度北部、尼泊尔、缅甸至马来西亚山地。我国分布于西藏中部、云南西北部、四川西部。重庆市各区县有零散分布。

【生境】自然生长于荒野、山坡及林下湿地。

【饲用价值】全株幼嫩时牛、羊可食，秆、叶用于青饲、青贮。

【其他用途】作纤维与建造材料；为水土保持植物。

荻

【种名】荻

【科名】禾本科

【属名】芒属 *Miscanthus* Andersson

【学名】*Miscanthus sacchariflorus*（Maximowicz）Hackel

【别名】无

【生活型】多年生草本

【分布】产于黑龙江、吉林、辽宁、河北、山西、河南、山东、甘肃及陕西等省。重庆市各区县零散分布。

【生境】生于山坡草地和平原岗地、河岸湿地。

【饲用价值】幼嫩茎秆的营养成分接近优良牧草黑麦草，可作为优质饲料。可青饲、青贮、调制干草、加工成草粉或颗粒配方饲料的方式加以利用。

【其他用途】食用，荻草根茎含淀粉，含糖量高，嫩芽可以直接食用；药用，具活血舒筋、健脾益肾的效果，治疗风湿腰痛、四肢麻木，以及偏瘫、阳痿等症状；用于水土保持，是优良防沙护坡植物；用于环境保护、景观营造；生物质能源植物；也可用于造纸、板材材料。

南　荻

【种名】南荻

【科名】禾本科

【属名】芒属 *Miscanthus* Andersson

【学名】*Miscanthus lutarioriparius* L. Liu ex Renvoize & S. L. Chen

【别名】胖节荻

【生活型】多年生草本

【分布】主要分布于我国长江中下游以南各省。重庆市长江沿岸各地有零散分布。

【生境】海拔 30~40m 江洲湖滩。

【饲用价值】植株高大，幼嫩秆、叶可作饲料，牛喜食。

【其他用途】优质造纸原料。

双药芒

【种名】双药芒

【科名】禾本科

【属名】芒属 *Miscanthus* Andersson

【学名】*Miscanthus nudipes*（Grisebach）Hackel

【别名】川芒、光柄芒、类金茅芒、短毛芒、分枝双药芒、西藏双药芒、紫毛双药芒、西南双药芒、类金茅双药芒、伞房双药芒、短毛双药芒、芒稃双药芒

【生活型】多年生草本

【分布】不丹、尼泊尔、印度有分布。我国主要分布于云南、西藏、四川。重庆市长江沿岸中高海拔地区有零散分布。

【生境】海拔 1 500~4 000m 山地、山坡林缘、河边路旁及溪流沙滩。

【饲用价值】幼嫩茎叶可作饲草，牛喜食。

【其他用途】未知。

狗尾草属

狗尾草

【种名】狗尾草

【科名】禾本科

【属名】狗尾草属 *Setaria* P. Beauv.

【学名】*Setaria viridis*（L.）Beauv.

【别名】谷莠子、莠

【生活型】一年生草本

【分布】产于我国各地。原产欧亚大陆的温带和暖温带地区，现广布于全世界的温带和亚热带地区。重庆市各区县广泛分布。

【生境】生于海拔 4 000m 以下的荒野、道旁。

【饲用价值】全株抽穗前为良等饲用植物，牛、驴、马、羊喜食。

【其他用途】药用，小穗可提炼糠醛，全草加水煮沸 20min 后，滤出液可喷杀菜虫。药用，功能主治：清热利湿、祛风明目、解毒、杀虫，主风热感冒、黄疸、小儿疳积、痢疾、小便涩痛、目赤涩痛、痈肿、寻常疣、疮癣；工业用途，秋季干草可作燃料生火做饭。

棕叶狗尾草

【种名】棕叶狗尾草

【科名】禾本科

【属名】狗尾草属 *Setaria* P. Beauv.

【学名】*Setaria palmifolia*（J. Koening）Stapf

【别名】雏茅、箬叶莩、棕叶草

【生活型】多年生草本

【分布】浙江、江西、湖北、湖南、福建、台湾、广东、广西等地。重庆市三峡库区，大娄山脉、武陵山区各区县均有分布。

【生境】生于山坡或谷地林下阴湿处。

【饲用价值】饲用。棕叶狗尾草抽穗前粗蛋白质含量高达 18.78%，可作为蛋白质来源，直接饲喂或将草粉掺入配合饲料中，代替豆科牧草之用。

【其他用途】食用，颖果含丰富淀粉，可供食用；药用，以根入药，主治脱肛、子宫下垂。

金色狗尾草

【种名】金色狗尾草

【科名】禾本科

【属名】狗尾草属 *Setaria* P. Beauv.

【学名】*Setaria pumila*（Poir.）Roem. & Schult.

【别名】恍莠莠、硬稃狗尾草

【生活型】一年生草本

【分布】产于我国各地。分布于欧亚大陆的温暖地带，美洲、澳大利亚等地也有引入。重庆市各区县常见。

【生境】生于林边、山坡、路边和荒芜的园地及荒野。

【饲用价值】饲用，金色狗尾草可放牧、刈割青饲或调制干草，尤其是青刈或调制干草最为理想，为各种家畜所喜食，尤为大家畜所嗜食。春、夏的采食率更高。

【其他用途】药用，全草入药，清热明目，止泻，用于目赤肿痛、眼弦赤烂、痢疾。

皱叶狗尾草

【种名】皱叶狗尾草

【科名】禾本科

【属名】狗尾草属 *Setaria* P. Beauv.

【学名】*Setaria plicata*（Lam.）T. Cooke

【别名】风打草、烂衣草、马草、扭叶草、风打

【生活型】多年生草本

【分布】分布于江苏、浙江、安徽、江西、福建、台湾、湖北、湖南、广东、广西、四川、贵州、云南等省区；印度、尼泊尔、斯里兰卡、马来西亚、马来群岛，日本南部也有分布。重庆市各区县均有分布。

【生境】生于山坡林下、沟谷地阴湿处或路边杂草地上。

【饲用价值】全草可作饲用，幼嫩时为良等饲草。

【其他用途】果实成熟时，可供食用；药用，解毒、杀虫，主治疥癣、丹毒、疮疡。

莩　草

【种名】莩草

【科名】禾本科

【属名】狗尾草属 *Setaria* P. Beauv.

【学名】*Setaria chondrachne*（Steud.）Honda

【别名】无

【生活型】多年生草本

【分布】日本和朝鲜都有分布。我国主要分布于江苏、安徽、江西、湖北、湖南、广西、贵州、四川等省区。重庆市各区县均有分布。

【生境】路旁、林下、山坡阴湿处或山井水边。

【饲用价值】全株可作饲草，为良等饲草，可用于放牧、青饲。

【其他用途】未知。

大狗尾草

【种名】大狗尾草

【科名】禾本科

【属名】狗尾草属 *Setaria* P. Beauv.

【学名】*Setaria faberi* R. A. W. Herrmann

【别名】无

【生活型】一年生草本

【分布】主要分布在我国江苏、浙江、江西、湖南、湖北等地。重庆市各区县均有分布。

【生境】荒野及山坡。

【饲用价值】全株抽穗前为家畜喜食，为良等饲草。

【其他用途】全株均可入药，具有清热消疳，杀虫止痒功效。

西南莩草

【种名】西南莩草

【科名】禾本科

【属名】狗尾草属 *Setaria* P. Beauv.

【学名】*Setaria forbesiana* （Nees） Hook. f.

【别名】无

【生活型】多年生草本

【分布】分布于温带喜马拉雅山，尼泊尔、印度北部到缅甸。我国主要分布在浙江、湖北、湖南、广东、广西、陕西、甘肃、贵州、四川、云南等省区。重庆市各区县有零散分布。

【生境】海拔 2 300～3 600m 的山谷、路旁、沟边及山坡草地，或砂页岩溪边阴湿、半阴湿处。

【饲用价值】全株抽穗前为家畜喜食，为良等饲草。

【其他用途】未知。

粱

【种名】粱

【科名】禾本科

【属名】狗尾草属 *Setaria* P. Beauv.

【学名】*Setaria italica*（L.）Beauv.

【别名】小米、谷子

【生活型】一年生草本

【分布】广泛栽培于欧亚大陆的温带和热带。我国南北均有栽培，黄河中上游为主要栽培区。重庆市各区县有分布。

【生境】具有耐旱、贫瘠土壤的优势，适合在干旱而缺乏灌溉的地区生长。

【饲用价值】全株可作优质饲草，质地较柔软，结实期营养价值高，可青饲、青贮、制作干草，家畜喜食。其谷糠又是猪、鸡的良好饲料。

【其他用途】可食用、酿酒、药用，具有健脾、和胃功效。

巨大狗尾草

【种名】巨大狗尾草

【科名】禾本科

【属名】狗尾草属 *Setaria* P. Beauv.

【学名】*Setaria viridis*（L.）Beauv. subsp. *pycnocoma*（Steud.）Tzvel.

【别名】无

【生活型】一年生草本

【分布】欧洲、亚洲中部、西伯利亚、乌苏里和日本均有分布。我国主要分布于黑龙江、吉林、内蒙古、河北、山东、陕西、甘肃、新疆、湖南、湖北、四川、贵州等省区。重庆市各区县常见。

【生境】海拔 2 700m 以下的山坡、路边、灌木林。

【饲用价值】全株可作优质饲草，质地较柔软，可青饲、青贮、制作干草，家畜喜食。

【其他用途】未知。

画眉草属

画眉草

【种名】 画眉草

【科名】 禾本科

【属名】 画眉草属 *Eragrostis* Wolf

【学名】 *Eragrostis pilosa*（L.）Beauv.

【别名】 星星草、蚊子草

【生活型】 一年生草本

【分布】 产于我国各地。分布于全世界温暖地区。重庆市各区县均有分布。

【生境】 多生于荒芜田野草地上。

【饲用价值】 饲用，该种为优质饲草，作饲草适口性好，营养价值高，可与豆科牧草混播，也可进行草场补播改良。

【其他用途】 药用，全草入药具有利尿通淋、清热活血之功效；观赏，可用于花带、花境配置；水土保持型植物。

知风草

【种名】 知风草

【科名】 禾本科

【属名】 画眉草属 *Eragrostis* Wolf

【学名】 *Eragrostis ferruginea*（Thunb.）Beauv.

【别名】 梅氏画眉草

【生活型】 多年生草本

【分布】 产于我国南北各地；分布于朝鲜、日本、东南亚等地。重庆市各区县均有分布。

【生境】 生于路边、山坡草地。

【饲用价值】 知风草是优质牲畜饲草，可放牧、青饲。

【其他用途】 药用，具有舒筋散瘀之功效，主治跌打内伤，筋骨疼痛；可栽培用于保土固堤。

大画眉草

【种名】大画眉草

【科名】禾本科

【属名】画眉草属 *Eragrostis* Wolf

【学名】*Eragrostis cilianensis*（All.）Link ex Vignolo-Lutati

【别名】无

【生活型】一年生草本

【分布】产于我国各地。分布遍及世界热带和温带地区。重庆市各区县零散分布。

【生境】生于荒芜草地上。

【饲用价值】优质饲用植物，可作青饲料或晒制干草。

【其他用途】药用，全草及花可供药用，药材大画眉草具有利尿通淋、疏风清热的功效；大画眉草花则具有解毒、止痒之功效。

乱　草

【种名】乱草

【科名】禾本科

【属名】画眉草属 *Eragrostis* Wolf

【学名】*Eragrostis japonica*（Thunb.）Trin.

【别名】碎米知风草

【生活型】一年生草本

【分布】产于安徽、浙江、台湾、湖北、江西、广东、云南等省。重庆市区县农区地带、长江流域等有零散分布。

【生境】生于田野路旁、河边及潮湿地。

【饲用价值】全株可作饲草，为良等饲用植物。

【其他用途】药用，清热凉血，主治咳血、吐血。

秋画眉草

【种名】秋画眉草

【科名】禾本科

【属名】画眉草属 *Eragrostis* Wolf

【学名】*Eragrostis autumnalis* Keng

【别名】无

【生活型】一年生草本

【分布】产于我国河北、山东、江苏、安徽、江西、福建等省。重庆市梁平区双桂湖有分布。

【生境】生于路旁草地。
【饲用价值】全草可作放牧饲用。
【其他用途】药用，利尿通淋，清热活血；主热淋、石淋、目赤痒痛、跌打损伤。

小画眉草

【种名】小画眉草
【科名】禾本科
【属名】画眉草属 *Eragrostis* Wolf
【学名】*Eragrostis minor* Host
【别名】无
【生活型】一年生草本
【分布】分布于全世界温暖地带。我国南北各省区市均有分布。重庆市各区县有零散分布。
【生境】荒芜田野、草地和路旁。
【饲用价值】全株可作饲草，适口性好，牛、羊、马喜食。
【其他用途】药用，具有疏风清热、凉血、利尿的功效。

多秆画眉草

【种名】多秆画眉草
【科名】禾本科
【属名】画眉草属 *Eragrostis* Wolf
【学名】*Eragrostis multicaulis* Steudel
【别名】美丽画眉草、无毛画眉草
【生活型】一年生草本
【分布】日本也有分布。我国主要分布在东北、华北、华南、长江流域各省。重庆市少见，长江流域有分布。
【生境】海拔 300～1 200m 的山旁、草地、路旁。
【饲用价值】全株可作饲草，适口性好，牛、羊、马喜食。
【其他用途】未知。

黑穗画眉草

【种名】黑穗画眉草
【科名】禾本科
【属名】画眉草属 *Eragrostis* Wolf
【学名】*Eragrostis nigra* Nees ex Steud.
【别名】无

【生活型】多年生草本

【分布】印度及东南亚均有分布。我国主要分布于云南、贵州、四川、广西、江西、河南、陕西、甘肃等省区。重庆市各区县有零散分布。

【生境】山坡草地。

【饲用价值】全株可作饲草，适口性好，牛、羊、马喜食。

【其他用途】药用，全草或根入药具有清热、止咳、镇痛的功效。

油芒属

油　芒

【种名】油芒

【科名】禾本科

【属名】大油芒属 *Spodiopogon* Trin.

【学名】*Spodiopogon cotulifer*（Thunb.）Hack.

【别名】秾茅

【生活型】一年生草本

【分布】产于我国河南、陕西、甘肃、江苏、浙江、安徽、江西、湖北、湖南、台湾、贵州、四川、云南等省。也分布于印度西北部至日本。重庆市三峡库区，武陵山区各区县有分布。

【生境】常生长在稻田、山坡、山谷和荒地路旁，海拔200~1 000m。

【饲用价值】全草可做优良牧草，适口性好，家畜喜食，可青饲、青贮和制作干草。

【其他用途】其种子含挥发油，可榨油。

乱子草属

乱子草

【种名】乱子草

【科名】禾本科

【属名】乱子草属 *Muhlenbergia* Schreb.

【学名】*Muhlenbergia huegelii* Trin.

【别名】无

【生活型】多年生草本

【分布】产于我国东北、华北、西北、西南、华东等地区。俄罗斯、印度、日本、朝鲜、菲律宾等地也有分布。重庆市大巴山区、武陵山区各区县有分布。

【生境】生于海拔 900~3 000m 的山谷、河边湿地、林下和灌丛中。

【饲用价值】全草可作放牧饲草用，为良等饲用植物。

【其他用途】观赏，作绿化植物用。

日本乱子草

【种名】日本乱子草

【科名】禾本科

【属名】乱子草属 *Muhlenbergia* Schreb.

【学名】*Muhlenbergia japonica* Steud.

【别名】无

【生活型】多年生草本

【分布】产于我国华北、华东、华中、西南和陕西秦岭南坡等省区。分布于日本。重庆市各区县均有分布。

【生境】生于海拔 1 400~3 000m 的河谷低湿地和山坡林缘灌丛中。

【饲用价值】全草可作放牧饲草用，为良等饲用植物。

【其他用途】观赏，作园林绿化植物用。

多枝乱子草

【种名】 多枝乱子草

【科名】 禾本科

【属名】 乱子草属 *Muhlenbergia* Schreb.

【学名】 *Muhlenbergia ramosa* （Hack.） Makino

【别名】 无

【生活型】 多年生草本

【分布】 产于我国华东各省及湖南、四川、云南、贵州等省。分布于日本。重庆市巫溪、巫山、石柱等县有分布。

【生境】 生长于海拔 120~1 300m 的山谷疏林下或山坡路旁潮湿处。

【饲用价值】 全草可作放牧饲用。

【其他用途】 观赏，作园林绿化植物用。

菅 属

苞子草

【种名】苞子草

【科名】禾本科

【属名】菅属 *Themeda* Forssk.

【学名】*Themeda caudata*（Nees）A. Camus

【别名】老虎须

【生活型】多年生草本

【分布】分布于我国浙江、福建、台湾、江西、广东、广西、四川、贵州、云南等省区。重庆市三峡库区云阳县、巫山县等地有分布。

【生境】生于海拔 320~2 200m 的山坡草丛、林缘等处。

【饲用价值】幼嫩茎叶可作饲草用。

【其他用途】药用，清热止咳。

阿拉伯黄背草

【种名】阿拉伯黄背草

【科名】禾本科

【属名】菅属 *Themeda* Forssk.

【学名】*Themeda triandra* Forssk.

【别名】黄麦秆、黄背草、进肌草、山红草

【生活型】多年生簇生草本

【分布】我国除新疆、青海、内蒙古等省区以外其他省市均有分布；日本、朝鲜等地亦有分布。重庆市大巴山区城口县，库区巫山县及渝西有分布。

【生境】海拔 80~2 700m 的干燥山坡、草地、路旁、林缘等处。

【饲用价值】幼嫩时草食牲畜喜食，可自由放牧采食，亦可刈割利用。抽穗后纤维化程度高，适口性差。

【其他用途】生态治理先锋种、观赏草种。

菅

【种名】菅

【科名】禾本科

【属名】菅属 *Themeda* Forssk.

【学名】*Themeda villosa*（Poir.） A. Camus

【别名】蚂蚱草、接骨草、大响铃草

【生活型】多年生草本生

【分布】主要分布于浙江、江西、福建、湖北、湖南、广东、广西、四川、重庆市、贵州、云南、西藏等省区；印度、中南半岛、马来西亚和菲律宾等地亦有分布。重庆市西部各区县中低海拔区域常见。

【生境】海拔 300~2 500m 的山坡灌丛、草地或林缘向阳处。

【饲用价值】幼嫩时草食牲畜喜食，可自由放牧采食，亦可刈割利用。

【其他用途】药用。

鼠尾粟属

鼠尾粟

【种名】鼠尾粟

【科名】禾本科

【属名】鼠尾粟属 *Sporobolus* R. Br.

【学名】*Sporobolus fertilis*（Steud.）Clayton

【别名】鼠尾草、鼠尾牛顿草、牛顿草、线香草、老鼠尾、牛尾草、狗屎草

【生活型】多年生草本

【分布】分布于华东、华中、西南及陕西、甘肃、西藏等地。重庆市常见，各区县均有分布。

【生境】生于海拔120~2 600m的田野路边、山坡草地及山谷湿处和林下。

【饲用价值】全株幼嫩时期可作饲草用。

【其他用途】药用，清热、凉血、解毒、利尿，治流脑、乙脑高热神昏、传染性肝炎、赤白痢疾、热淋、尿血。

黍属

糠稷

【种名】 糠稷

【科名】 禾本科

【属名】 黍属 *Panicum* L.

【学名】 *Panicum bisulcatum* Thunb.

【别名】 无

【生活型】 一年生草本

【分布】 产自我国东南部、南部、西南部和东北部；印度、菲律宾、日本、朝鲜以及大洋洲也有分布。渝东南武陵山区，渝西各区县农区地带零散分布。

【生境】 生长于荒野潮湿处。

【饲用价值】 幼嫩时全草可作饲草用，牛羊等家畜均采食。

【其他用途】 水土保持植物。

稷

【种名】 稷

【科名】 禾本科

【属名】 黍属 *Panicum* L.

【学名】 *Panicum miliaceum* Linn.

【别名】 糜子、黍

【生活型】 一年生草本

【分布】 亚洲、欧洲、美洲、非洲等温暖地区。我国内蒙古、陕西、山西、甘肃、黑龙江、宁夏等省区为主产区，新疆偶见野生分布。重庆市库区奉节等渝东部区县有分布。

【生境】 生于田岸、山坡、水边等，栽培于旱地。

【饲用价值】 本种为人类最早的栽培谷物之一，既是粮食，也是良好的牲畜饲料。秆、叶可供放牧利用，也可晒制干草和调制青贮，谷粒可饲喂家禽。

【其他用途】 谷粒富含淀粉，供食用或酿酒。颖果、茎及根可入药，颖果能益气补中、主治泻痢，烦渴、吐逆；茎及根能利水消肿、止血，主治小便不利，水肿、妊娠尿血。

蔗茅属

蔗　茅

【种名】 蔗茅

【科名】 禾本科

【属名】 甘蔗属 *Saccharum* L.

【学名】 *Saccharum rufipilum* Steud.

【别名】 桃花芦

【生活型】 多年生高大丛生草本

【分布】 产于河南、陕西南部、湖北、四川、贵州、云南；也分布于尼泊尔、印度北部。重庆市大巴山区、库区、渝西各区县山地均有分布。

【生境】 生于海拔 1 300~2 400m 的山坡谷地。

【饲用价值】 幼嫩茎叶可刈割饲用，用作青饲、青贮，牛、羊等大家畜喜食。

【其他用途】 可作造纸原料，有保水固土作用。

求米草属

求米草

【种名】求米草

【科名】禾本科

【属名】求米草属 *Oplismenus* P. Beauv.

【学名】*Oplismenus undulatifolius*（Ard.）Roem. & Schult.

【别名】无

【生活型】多年生草本

【分布】分布于世界温带和亚热带地区；在中国广泛分布于南北各省区，在云南分布于昭通、贡山、昆明、文山和富宁。重庆市各区县常见。

【生境】常生长于海拔 740~2 000m 的山坡疏林下。喜生于阴湿的林子、路边，也分布在低山丘陵地。

【饲用价值】饲用，求米草草质柔软，适口性好，营养丰富。整个植株在生育期内，均可饲用，又可调制干草，是较为理想的放牧草。牛、羊都喜食。

【其他用途】固土防沙、保土植物。

竹叶草

【种名】竹叶草

【科名】禾本科

【属名】求米草属 *Oplismenus* Beauv.

【学名】*Oplismenus compositus*（Linn.）Beauv.

【别名】多穗缩箬

【生活型】一年生草本

【分布】分布于全世界东半球热带地区。我国江西、四川、贵州、台湾、广东、云南等省区均有分布。重庆市各区县均有分布。

【生境】多生于疏林灌丛间、路旁、阴湿处。

【饲用价值】草质柔软，适口性好，牛、羊、兔喜食。可刈割青饲或林下放牧饲用，宜在经济林行果牧或林牧结合种植。

【其他用途】全草入药，能清肺热、消肿毒，治咳嗽吐血。

中间型竹叶草

【种名】 中间型竹叶草

【科名】 禾本科

【属名】 求米草属 *Oplismenus* Beauv.

【学名】 *Oplismenus compositus* var. *intermedius*（Honda）Ohwi

【别名】 大渡求米草

【生活型】 多年生草本

【分布】 产于浙江南部、台湾、四川、广东、广西、云南等省区。日本也有分布。重庆市各区县有零散分布。

【生境】 多生于山地、丘陵、疏林下阴湿处。

【饲用价值】 草质柔软，茎叶可饲用，牛、羊喜食。

【其他用途】 可作造纸植物；固土防沙植物。

水蔗草属

水蔗草

【种名】水蔗草

【科名】禾本科

【属名】水蔗草属 *Apluda* L.

【学名】*Apluda mutica* Linn.

【别名】米草、糯米草、丝线草、牙尖草、竹子草、假雀麦

【生活型】多年生草本

【分布】分布于华南、西南各地。重庆市渝东南地区有分布。

【生境】常生于林边、篱边、开旷草地或河岸。

【饲用价值】水蔗草的秆、叶柔软，抽穗前牛、羊喜食，也可割回喂兔。抽穗后，草质粗老，适口性下降。

【其他用途】药用，治毒蛇咬伤，取其根擦之，茎叶捣碎贴敷，治脚部糜烂。

芨芨草属

细叶芨芨草

【种名】细叶芨芨草

【科名】禾本科

【属名】芨芨草属 *Achnatherum* P. Beauv.

【学名】*Achnatherum chingii*（Hitchc.）Keng et P. C. Kuo

【别名】春氏芨芨草、秦氏芨芨草

【生活型】多年生草本

【分布】主要分布于中国甘肃、西藏、青海、陕西、山西、四川、云南等省区。重庆市少见，渝东南武陵山区有分布。

【生境】生于山坡林缘、林下、草地，海拔 2 200~4 000m 的地方。

【饲用价值】是一种耐旱型放牧饲草种。

【其他用途】固土护坡。

中华芨芨草

【种名】中华芨芨草

【科名】禾本科

【属名】芨芨草属 *Achnatherum* P. Beauv.

【学名】*Achnatherum chinense*（Hitchcock）Tzvelev

【别名】中华落芒草

【生活型】多年生草本

【分布】见于甘肃、河北、河南、内蒙古、宁夏、青海、陕西、山西等省区。我国特有。重庆市少见，大巴山区有零星分布。

【生境】多生于 500~2 400m 海拔的干燥山坡，长满草的路旁，森林边缘地带，为山地草原荒漠伴生种，零星或片状分布。

【饲用价值】幼嫩时茎叶可作放牧饲用。

【其他用途】簇生对水土保持有较大作用。

湖北芨芨草

【种名】湖北芨芨草

【科名】禾本科

【属名】芨芨草属 *Achnatherum* P. Beauv.

【学名】*Achnatherum henryi*（Rendle） S. M. Phillips & Z. L. Wu

【别名】湖北落芒草、亨利落芒草

【生活型】多年生草本

【分布】产于甘肃、陕西、湖北、四川等省。重庆市东部区域各区县有零散分布。

【生境】生于海拔 125~2 340m 的山坡林下草地、路旁树荫下、荒地、草甸上。

【饲用价值】全株可饲用，茎叶可放牧、青饲。

【其他用途】固土防沙植物；园林草坪植物。

看麦娘属

看麦娘

【种名】看麦娘

【科名】禾本科

【属名】看麦娘属 *Alopecurus* L.

【学名】*Alopecurus aequalis* Sobol.

【别名】棒棒草、牛头猛、山高粱、道旁谷

【生活型】一年生草本

【分布】产于我国大部分省区；在欧亚大陆之寒温和温暖地区与北美也有分布。重庆市各区县农区地带常见。

【生境】生于海拔较低之田边及潮湿之地。

【饲用价值】饲用，看麦娘产草量中等，叶量丰富，草质好，蛋白质含量较高。适于刈割干草，马、牛喜食。可作为放牧利用。

【其他用途】药用，利湿消肿、解毒，用于水肿、水痘；外用治小儿腹泻、消化不良。

日本看麦娘

【种名】日本看麦娘

【科名】禾本科

【属名】看麦娘属 *Alopecurus* L.

【学名】*Alopecurus japonicus* Steud.

【别名】稍草、麦娘娘、麦陀陀草

【生活型】一年生草本

【分布】分布于广东、浙江、江苏、湖北、陕西等省。在日本、朝鲜也有分布。重庆市巫溪、南川等区县有分布。

【生境】生于海拔较低之田边、湿地、熟荒地上，常和看麦娘混生，有时也呈纯种群。

【饲用价值】全株茎叶可刈割、放牧饲用。

【其他用途】可作固土保水、园林植物。

大看麦娘

【种名】 大看麦娘

【科名】 禾本科

【属名】 看麦娘属 *Alopecurus* L.

【学名】 *Alopecurus pratensis* Linn.

【别名】 草原看麦娘、大穗看麦娘、狐尾草

【生活型】 多年生草本

【分布】 产于我国东北及新疆，一些地区引种栽培。在欧亚大陆之寒温带也有分布。重庆市东部山区巫溪等县有零星分布。

【生境】 生于海拔约1 700m的高山草地、阴坡草地、谷地及林缘草地。

【饲用价值】 植株高大、茎叶茂盛、光滑无毛，各种牲畜喜食，为优等饲用牧草。适合调制干草，初花前期刈割利用较好，花后茎叶粗老，品质降低。我国各地都有引种栽培，可与苜蓿混播。

【其他用途】 可作保水固土植物。

孔颖草属

臭根子草

【种名】臭根子草

【科名】禾本科

【属名】孔颖草属 *Bothriochloa* Kuntze

【学名】*Bothriochloa bladhii*（Retz.）S. T. Blake

【别名】光孔颖草

【生活型】多年生草本

【分布】产于安徽、湖南、福建、台湾、广东、广西、贵州、四川、云南、陕西；分布于非洲、亚洲至大洋洲的热带和亚热带地区。重庆市地区沿江各区县山地有零星分布。

【生境】生于山坡草地。

【饲用价值】叶片柔软，适口性良好，牛、羊、马喜食，是春、夏之交家畜的良好饲料。

【其他用途】固土力强，可作固土植物。

白羊草

【种名】白羊草

【科名】禾本科

【属名】孔颖草属 *Bothriochloa* Kuntze

【学名】*Bothriochloa ischaemum*（L.）Keng

【别名】无

【生活型】多年生草本

【分布】分布几遍全国，分布于全世界亚热带和温带地区。重庆市沿江各区县有分布。

【生境】生于山坡草地、荒地。

【饲用价值】营养期为良等饲草，为各种家畜所喜食。

【其他用途】根可制各种刷子。

短柄草

【种名】短柄草

【科名】禾本科

【属名】孔颖草属 *Bothriochloa* Kuntze

【学名】*Brachypodium sylvaticum*（Huds.）Beauv.

【别名】基隆短柄草、细株短柄草、小颖短柄草

【生活型】多年生草本

【分布】产自江苏、浙江、安徽、湖南、江西、湖北、四川、贵州、云南、陕西、甘肃、青海、西藏、新疆（天山）等地；分布于欧洲、亚洲温带和热带山区、中亚、俄罗斯西伯利亚、日本、印度、伊朗、巴基斯坦、伊拉克。重庆市各地均可见，城口、开县、巫溪等县较多。

【生境】生于林下、林缘、灌丛、山地草甸、田野与路旁，海拔1 500~3 600m。

【饲用价值】结实期粗蛋白质含量6.87%，各种家畜均喜食，可刈割也可放牧，属良等牧草。

【其他用途】固土植物。

雀麦属

雀　麦

【种名】雀麦

【科名】禾本科

【属名】雀麦属 *Bromus* L.

【学名】*Bromus japonicus* Thunb. ex Murr.

【别名】蘥、爵麦、燕麦、杜姥草、牡姓草、牛星草、野麦、野小麦、野大麦、野燕麦、山大麦、瞌睡草、山稷子

【生活型】一年生草本

【分布】产于辽宁、内蒙古、河北、山西、山东、河南、陕西、甘肃、安徽、江苏、江西、湖南、湖北、新疆、西藏、四川、云南、台湾等省区；欧亚温带广泛分布，北美引种。重庆市山区高海拔区域有零散分布，东部城口，巫溪等县较多。

【生境】生于山坡林缘、荒野路旁、河漫滩湿地，海拔 50~2 500（~3 500）m。

【饲用价值】植株全株可饲用，为优质牧草，家畜喜食。

【其他用途】籽实可食用；药用，全草用于汗出不止、难产、驱虫。

华雀麦

【种名】华雀麦

【科名】禾本科

【属名】雀麦属 *Bromus* L.

【学名】*Bromus sinensis* Keng

【别名】小华雀麦

【生活型】多年生草本

【分布】产于四川西北部（红原、乾宁、康定、乡城）、云南、西藏、青海（玉树、互助、共和、泽库、玛沁、囊谦、杂多）。渝东部巫溪红池坝有分布。

【生境】生于阳坡草地或裸露石隙边，海拔 3 500~4 240m。

【饲用价值】饲用，茎叶较柔软，幼嫩时牲畜喜食，老时茎叶稍粗糙，适口性下降。属优质牧草。

【其他用途】可作园林绿化植物。

大麦状雀麦

【种名】大麦状雀麦
【科名】禾本科
【属名】雀麦属 *Bromus* L.
【学名】*Bromus hordeaceus* Linn.
【别名】毛雀麦
【生活型】一年生或冬性二年生草本
【分布】欧洲、亚洲、美洲、大洋洲有分布。我国分布于甘肃、青海、河北等省区。重庆市偶见，在大巴山区城口县有分布。
【生境】生于海拔 500~1 500m 路旁草地。
【饲用价值】全株可作为牲畜、草鱼的饲料，幼嫩时适口性好，为优质饲草。

大雀麦

【种名】大雀麦
【科名】禾本科
【属名】雀麦属 *Bromus* L.
【学名】*Bromus magnus* Keng
【别名】无
【生活型】多年生疏丛型草本
【分布】产自甘肃、四川（黑水、宝兴、马尔康、雅江）、青海（昂欠、西宁、同德、泽库）、西藏（错那）等地区。重庆市渝东城口、巫溪等县有零星分布。
【生境】生于高山云杉林缘、灌丛砾石、河岸、草甸，海拔 2 300~3 800m。
【饲用价值】全株茎叶可饲用，营养期可刈割、放牧饲用，优质饲草。
【其他用途】保水固土植物。

疏花雀麦

【种名】疏花雀麦
【科名】禾本科
【属名】雀麦属 *Bromus* L.
【学名】*Bromus remotiflorus*（Steud.）Ohwi
【别名】狐茅
【生活型】多年生草本
【分布】产于江苏、安徽、浙江、福建、江西、湖南、湖北、河南、陕西、四川、贵州、云南、西藏、青海（玉树、互助、囊谦）。日本、朝鲜也有分布。重庆市山区有零散分布。

【生境】生于海拔 1 800~3 200（~4 100）m 的山坡、林缘、路旁、河边草地。

【饲用价值】植株高大，叶量较多，全株茎叶可饲用，是牛、羊均喜食的牧草。

【其他用途】地被植物，保水固土。

狗牙根属

狗牙根

【种名】狗牙根

【科名】禾本科

【属名】狗牙根属 *Cynodon* Rich.

【学名】*Cynodon dactylon*（L.）Pers.

【别名】百慕达草

【生活型】多年生草本

【分布】广布于我国黄河以南各省，近年北京附近已有栽培；全世界温暖地区均有。重庆市各区县常见。

【生境】多生长于村庄附近、道旁河岸、荒地山坡。

【饲用价值】饲用，根茎可喂猪，牛、马、兔、鸡等喜食其嫩叶，可作放牧饲草。

【其他用途】药用，全草可入药，有清血、解热、生肌之效；根系发达，根量多，是一种良好的水土保持植物；也是运动场、公园、庭院、绿化城市、美化环境的良好植物。

鸭茅属

鸭 茅

【种名】鸭茅

【科名】禾本科

【属名】鸭茅属 *Dactylis* L.

【学名】*Dactylis glomerata* L.

【别名】鸡脚草、果园草

【生活型】多年生草本

【分布】产于我国西南、西北诸省区。生于海拔 1 500~3 600m 的山坡、草地、林下。在河北、河南、山东、江苏等地有栽培或因引种而逸为野生；广布于欧、亚温带地区。北非、北美有驯化。重庆市各县高海拔区域均有引种栽培，大巴山、金佛山、武陵山等区域有逸生群体分布。

【生境】生于海拔 2 100m 的河谷林缘草丛中。

【饲用价值】温带优良牧草，适口性好，营养价值高，常与豆科牧草白三叶、红三叶等混播。家畜鱼类均喜食。

【其他用途】水土保持，固土植物。

䅟属

牛筋草

【种名】牛筋草

【科名】禾本科

【属名】䅟属 *Eleusine* Gaertn.

【学名】*Eleusine indica*（L.）Gaertn.

【别名】蟋蟀草

【生活型】一年生草本

【分布】产于我国南北各省区；分布于全世界温带和热带地区。重庆市各区县常见分布。

【生境】多生于荒芜之地及道路旁。

【饲用价值】全株可饲用，幼嫩时放牧饲草利用。

【其他用途】药用，全草煎水服，可防治乙型脑炎；又为优良保土植物。

䅟

【种名】䅟

【科名】禾本科

【属名】䅟属 *Eleusine* Gaertn.

【学名】*Eleusine coracana*（Linn.）Gaertner

【别名】䅟子、龙爪稷、鸭距粟、鸡爪粟、非洲黍

【生活型】一年生簇生草本

【分布】本种广泛栽培于东半球热带及亚热带地区；我国长江以南及安徽、河南、陕西、西藏等省区有栽培。重庆市西部，库区各区县有零散分布。

【生境】山坡草地、山谷、溪边林中。

【饲用价值】秆、叶作家畜青饲料，可青饲、青贮。

【其他用途】种子可食用，具有养胃之功效，对腹泻等疾病有独特疗效；也可供酿造；秆可用作编织篮、筐、帽等和造纸原料。

披碱草属

披碱草

【种名】 披碱草

【科名】 禾本科

【属名】 披碱草属 *Elymus* L.

【学名】 *Elymus dahuricus* Turcz.

【别名】 无

【生活型】 多年生草本

【分布】 产于内蒙古、青海（循化）、河北、河南、山西、陕西、四川、新疆、西藏等省区；俄罗斯、朝鲜、日本与印度西北部、土耳其东部也有分布。重庆市各区县均有分布。

【生境】 多生于山坡草地或路边。

【饲用价值】 饲用，优质高产的饲草，饲用价值中等偏上，分蘖期是各种家畜均喜采食，抽穗期至始花期可刈割调制干草。

【其他用途】 耐旱、耐寒、耐碱、耐风沙，是一种很好的护坡、水土保持和固沙的植物。

圆柱披碱草

【种名】 圆柱披碱草

【科名】 禾本科

【属名】 披碱草属 *Elymus* L.

【学名】 *Elymus dahuricus* var. *cylindricus* Franchet

【别名】 无

【生活型】 多年生草本

【分布】 产于内蒙古、河北、四川、青海、新疆等省区。重庆市大巴山区偶见分布。

【生境】 为旱中生—草甸型，多生于山坡草原化草甸、河谷草甸，山坡或路旁草地。

【饲用价值】 良等饲用禾草。在开花期前质地较柔嫩，适口性良好。从返青至开花前，马、牛、羊均喜食，开花后，质地迅速粗老，家畜主要采食其叶和茎秆上部较柔嫩的部分。

【其他用途】未知。

垂穗披碱草

【种名】垂穗披碱草

【科名】禾本科

【属名】披碱草属 *Elymus* L.

【学名】*Elymus nutans* Griseb.

【别名】钩头草、弯穗草

【生活型】多年生草本

【分布】产于内蒙古、河北、陕西、甘肃、青海、四川、新疆、西藏等省区；俄罗斯、土耳其、蒙古国、印度和喜马拉雅也有分布。重庆市偶见，渝东部高山地带有分布。

【生境】多生于草原或山坡道旁和林缘。

【饲用价值】饲用。垂穗披碱草质地较柔软，粗蛋白含量高、适口性好，易于调制干草。从返青至开花前，马、牛、羊喜食。调制的青干草（开花前刈割），是冬春季马、牛、羊的良等保膘牧草。

【其他用途】垂穗披碱草植株生长茂盛，广泛应用于高寒退化草场的改良和人工草地的建设。

钙生披碱草

【种名】钙生披碱草

【科名】禾本科

【属名】披碱草属 *Elymus* L.

【学名】*Elymus calcicola*（Keng） S. L. Chen

【别名】钙生鹅观草、弯鹅观草、弯穗鹅观草

【生活型】多年生草本

【分布】产于贵州、云南、四川等省区。重庆市南部和库区各区县山地有零星分布。

【生境】生于海拔 1 600~1 980m 的生石灰岩土上或潮湿有水向阳地带。

【饲用价值】全株可作家畜饲草料，良等饲草。

【其他用途】全草或根，入药“茅草箭”，具有清热、凉血、通络止痛之功效，主治咳嗽痰中带血、荨麻疹、劳伤疼痛。

纤毛披碱草

【种名】纤毛披碱草

【科名】禾本科

【属名】披碱草属 *Elymus* L.

【学名】*Elymus ciliaris*（Trinius ex Bunge） Tzvelev

【别名】纤毛鹅观草、北鹅观草、短芒鹅观草

【生活型】多年生草本

【分布】产于贵州、云南、四川等省区。在我国广为分布；俄罗斯远东地区、朝鲜、日本也有分布。重庆市东部和东南部区县有分布。

【生境】生于路旁或潮湿草地以及山坡上。

【饲用价值】本种秆、叶柔嫩，幼时为家畜喜吃，穗成熟时，有硬芒，不宜利用；籽实可作精饲料原料。

【其他用途】该种可作草坪、固土地被，也有一定利用价值。

日本纤毛草

【种名】日本纤毛草

【科名】禾本科

【属名】披碱草属 *Elymus* L.

【学名】*Elymus ciliaris* var. *hackelianus*（Honda）G. Zhu & S. L. Chen

【别名】竖立鹅观草、细叶鹅观草

【生活型】多年生草本

【分布】产自黑龙江、山西、山东、陕西、安徽、江苏、浙江、江西、湖南、湖北、四川等省。在我国广为分布。重庆市各区县有零散分布。

【生境】生于山坡、路边。

【饲用价值】植株可作放牧或刈割饲草用。

【其他用途】可作草坪建植，园林绿化植物。

长芒披碱草

【种名】长芒披碱草

【科名】禾本科

【属名】披碱草属 *Elymus* L.

【学名】*Elymus dolichatherus*（Keng）S. L. Chen

【别名】长芒鹅观草

【生活型】多年生草本

【分布】产自四川、云南、青海等省。重庆市库区各区县有零散分布。

【生境】生于海拔 2 350~3 690m 的山地林下。

【饲用价值】全株可作放牧饲草用。

【其他用途】固土防沙、保水植物。

柯孟披碱草

【种名】柯孟披碱草

【科名】禾本科

【属名】披碱草属 *Elymus* L.

【学名】*Elymus kamoji*（Ohwi）S. L. Chen

【别名】鹅观草、弯鹅观草、垂穗鹅观草、弯穗鹅观草、弯穗大麦草

【生活型】多年生草本

【分布】除青海、西藏等地外，分布遍及全国。重庆市各区县常见。

【生境】多生长在海拔 100~2 300m 的山坡、湿润草地、路边。

【饲用价值】全株叶质柔软而繁盛，产草量大，各种畜禽均喜食，可食性高；可青饲、青贮，制作干草、草粉利用。

【其他用途】是一种良好的水土保持植物，建立人工草地、草坪，简单易行。

微毛披碱草

【种名】微毛披碱草

【科名】禾本科

【属名】披碱草属 *Elymus* L.

【学名】*Elymus puberulus*（Keng）S. L. Chen

【别名】微毛鹅观草

【生活型】多年生草本

【分布】四川、重庆市有分布。重庆市金佛山、武陵山区域有分布。

【生境】生于山地。

【饲用价值】植株可作放牧饲草利用，也可青饲，家畜喜食。

【其他用途】水土保持植物，可建人工草地、草坪。

肃　草

【种名】肃草

【科名】禾本科

【属名】披碱草属 *Elymus* L.

【学名】*Elymus strictus*（Keng）S. L. Chen

【别名】多变鹅观草、大肃草

【生活型】多年生草本

【分布】产自甘肃、四川、青海、西藏、陕西、山西、内蒙古等省区。重庆市偶见，在大巴山区城口、巫溪县有零星分布。

【生境】生于海拔 1 380~2 200m 的山坡草地、林缘、山沟冲积地以及路旁干燥台地。

【饲用价值】叶量大，质地粗糙。抽穗前多种牲畜喜食，可刈割调制干草。

【其他用途】水土保持植物。

麦蕒草

【种名】麦蕒草

【科名】禾本科

【属名】披碱草属 *Elymus* L.

【学名】*Elymus tangutorum*（Nevski）Hand. -Mazz.

【别名】无

【生活型】多年生草本

【分布】产自内蒙古、山西、甘肃、青海、四川、新疆、西藏等省区。重庆市城口县有分布。

【生境】多生于山坡、草地。

【饲用价值】质地柔软，叶量中等，适口性好，各种家畜喜食；刈割青饲利用或调制干草。

【其他用途】水土保持植物，有很好的生态性能，是适合草地植被恢复与重建的优良草种。

野黍属

野　黍

【种名】野黍

【科名】禾本科

【属名】野黍属 *Eriochloa* Kunth

【学名】*Eriochloa villosa*（Thunb.）Kunth

【别名】拉拉草、唤猪草

【生活型】一年生草本

【分布】产自东北、华北、华东、华中、西南、华南等地区。重庆市全区域湖泊、池塘等地带常见。

【生境】多生于水湿地带。

【饲用价值】全株可作饲草，当种子成熟时，营养价值高，牛、羊喜食，是很好的抓膘精饲料。

【其他用途】谷粒含淀粉，可食用或酿酒用。

拟金茅属

拟金茅

【种名】拟金茅

【科名】禾本科

【属名】拟金茅属 *Eulaliopsis* Honda

【学名】*Eulaliopsis binata*（Retz.）C. E. Hubb.

【别名】梭草、羊草、龙须草

【生活型】多年生草本

【分布】产于河南、陕西、四川、云南、贵州、广西、广东等省区；日本、中南半岛、印度、阿富汗以及菲律宾也有分布。重庆市綦江、丰都、忠县等地有分布。

【生境】生于向阳的山坡草丛中。

【饲用价值】幼嫩时全草可作饲草用。

【其他用途】纤维植物，是造纸、人造棉、人造丝的原料；药用价值，嫩根状茎主治妇女疾病及脱肛等症；可绿化荒山荒坡，减少水土流失，保护生态环境。

羊茅属

苇状羊茅

【种名】 苇状羊茅

【科名】 禾本科

【属名】 羊茅属 *Festuca* Linn.

【学名】 *Festuca arundinacea* Schreb.

【别名】 无

【生活型】 多年生草本

【分布】 分布于欧亚大陆温带。我国分布于新疆、内蒙古、陕西、甘肃、青海、江苏等地有引种栽培。重庆市各区县均为引种栽培。

【生境】 生于海拔 700~1 200m 的河谷阶地、灌丛、林缘等潮湿处。

【饲用价值】 可作为牲畜、草鱼的饲料，主要为放牧利用。

羊 茅

【种名】 羊茅

【科名】 禾本科

【属名】 羊茅属 *Festuca* Linn.

【学名】 *Festuca ovina* Linn.

【别名】 酥油草

【生活型】 多年生草本

【分布】 产于黑龙江、吉林（长白山）、内蒙古、陕西（秦岭）、甘肃、宁夏、青海、新疆、四川、云南、西藏、山东及安徽山区；分布于欧亚大陆的温带地区。重庆东部地区高山地带有分布。

【生境】 生于海拔 2 200~4 400m 的高山草甸、草原、山坡草地、林下、灌丛及沙地。

【饲用价值】 适口性良好，是牛、羊、马均喜食的青饲料。

【其他用途】 冷季型草坪草，羊茅具有很深的根系，中等绿色，叶细软，不仅具有较强的适生能力和较高的观赏价值，而且耐旱、耐践踏、耐修剪、绿色期长。

素羊茅

【种名】 素羊茅

【科名】 禾本科

【属名】 羊茅属 *Festuca* Linn.

【学名】 *Festuca modesta* Steudel

【别名】 无

【生活型】 多年生草本

【分布】 产自四川、云南、陕西秦岭南北坡、甘肃、青海等地。分布于印度、尼泊尔。重庆市东部和东南部南川、武隆等有零散分布。

【生境】 生于海拔 1 000~3 600m 的林下、山坡草地、灌丛及山谷阴湿处。

【饲用价值】 茎叶幼嫩时期有放牧饲用价值。

【其他用途】 草地、草坪建植，固土植物。

小颖羊茅

【种名】 小颖羊茅

【科名】 禾本科

【属名】 羊茅属 *Festuca* Linn.

【学名】 *Festuca parvigluma* Steudel

【别名】 无

【生活型】 冷地型多年生草本

【分布】 产于华东、华中、西南诸省区及陕西秦岭南坡。日本、朝鲜、印度东北部及尼泊尔也有分布。重庆市少见，渝东部綦江等区县较高山地有分布。

【生境】 生于海拔 1 000~3 700m 的山坡草地、林下、河边草丛、灌丛、路旁等处。

【饲用价值】 茎叶有放牧饲用价值。

【其他用途】 具有耐磨性强、耐践踏、病虫害少等优点，四季常绿且株高、叶色、分蘖等方面均具有草坪草的坪用特性。

紫羊茅

【种名】 紫羊茅

【科名】 禾本科

【属名】 羊茅属 *Festuca* Linn.

【学名】 *Festuca rubra* Linn.

【别名】 无

【生活型】 多年生草本

【分布】 分布于北半球温带地区。产自黑龙江、吉林、辽宁、河北、内蒙古、山西、陕西、甘肃、新疆、青海以及西南、华中大部分地区。重庆市大巴山，大娄山脉有分布。

【生境】 生于海拔 600～4 500m。山坡草地、高山草甸、河滩、路旁、灌丛、林下等处。

【饲用价值】 适口性良好，牛羊等喜食；草质柔软，营养价值高，具有较好的栽培驯化前景。

【其他用途】 多为天然草场的伴生种，可作为多年生草场的混播种或鼠害草地的补播种；园林绿化、草坪建植草种。

中华羊茅

【种名】 中华羊茅

【科名】 禾本科

【属名】 羊茅属 *Festuca* Linn.

【学名】 *Festuca sinensis* Keng ex E. B. Alexeev

【别名】 无

【生活型】 多年生草本

【分布】 产自甘肃、青海、四川。重庆市东部，西部高海拔地区有零散分布。

【生境】 生于海拔 2 600~4 800m，高山草甸、山坡草地、灌丛、林下，常与垂穗披碱草伴生。

【饲用价值】 产量高、营养丰富、耐牧，是一种优良的放牧草种。

【其他用途】 可栽培驯化，也可建立混播型人工草地，也可用于草地补播改良。

滇羊茅

【种名】 滇羊茅

【科名】 禾本科

【属名】 羊茅属 *Festuca* Linn.

【学名】 *Festuca yunnanensis* St. -Yves

【别名】 无

【生活型】 多年生草本

【分布】 产自云南、四川等西南地区。重庆市偶见，渝东部较高山地有分布。

【生境】 生于海拔 2 900~3 800m。亚高山草甸、松栎林缘潮湿处。

【饲用价值】 植株可作放牧饲草用，为良等饲草。

【其他用途】 可用于草地补播改良。

高羊茅

【种名】 高羊茅

【科名】 禾本科

【属名】羊茅属 *Festuca* Linn.

【学名】*Festuca elata* Keng ex E. Alexeev

【别名】无

【生活型】多年生草本

【分布】分布于我国广西、四川、贵州。重庆市东南部区县有分布，各区县有引种栽培。

【生境】生于路旁、山坡和林下。

【饲用价值】为多年生刈牧兼用型禾本科牧草。草质粗糙、适口性稍差，饲用品质不如黑麦草。高羊茅可单播，也可与白三叶、红三叶、沙打旺等豆科牧草混播利用。

【其他用途】观赏植物，国内使用量最大的冷季型草坪草之一。可用于家庭花园、公共绿地、公园、足球场等运动草坪。

异燕麦属

异燕麦

【种名】异燕麦

【科名】禾本科

【属名】异燕麦属 *Helictotrichon* Besser ex Schult. & Schult. f.

【学名】*Helictotrichon hookeri*（Scribner）Henrard

【别名】野燕麦

【生活型】多年生草本

【分布】产于东北、华北及甘肃、新疆、青海、四川、云南等省区。重庆市大巴山、武陵山区地带有零星分布。

【生境】生于海拔 160~3 400m 的山坡草原、林缘及高山较潮湿草地。

【饲用价值】适口性良好，为各种家畜所喜食，特别在青鲜时，马和羊均喜食。营养价值较高，耐干旱的能力较强，是有栽培前途的牧草。

【其他用途】观赏。常用于路旁、高尔夫球场障碍区及其他不经常使用的低质量草坪。

牛鞭草属

大牛鞭草

【种名】 大牛鞭草

【科名】 禾本科

【属名】 牛鞭草属 *Hemarthria* R. Br.

【学名】 *Hemarthria altissima*（Poir.） Stapf et C. E. Hubb.

【别名】 脱节草

【生活型】 多年生草本

【分布】 产于东北、华北、华中、华南、西南各地；北非、欧洲地中海沿岸各国也有分布。重庆市各区县河谷地带有散见分布。

【生境】 多生于田地、水沟、河滩等湿润处。

【饲用价值】 叶量丰富，适口性好，是牛、羊、兔的优质饲料。适宜调制干草，不易掉叶。青贮效果好，利用率高。

【其他用途】 固土保水性能良好，可用作护堤、护坡、护岸的保土植物。

扁穗牛鞭草

【种名】 扁穗牛鞭草

【科名】 禾本科

【属名】 牛鞭草属 *Hemarthria* R. Br.

【学名】 *Hemarthria compressa*（L. f.） R. Br.

【别名】 马铃骨、牛仔蔗、牛草、鞭草、牛鞭草

【生活型】 多年生草本

【分布】 产于广东、广西、云南、四川等南方及西南地区。重庆市各区县河谷地带常见分布。

【生境】 生于海拔 2 000m 以下的田边、路旁湿润处。

【饲用价值】 扁穗牛鞭草植株高大，叶量丰富，适口性好，是牛、羊、兔的优质饲料。一般青饲为好，各种家畜都喜食。可调制干草，可青贮，利用率高。

【其他用途】 建植园林草坪。在暖季型草中，其定植成坪速度、抗旱能力、耐荫性仅次于结缕草而高于狗牙根、假俭草等。

黄茅属

黄 茅

【种名】黄茅

【科名】禾本科

【属名】黄茅属 *Heteropogon* Pers.

【学名】*Heteropogon contortus*（L.）P. Beauv.

【别名】地筋

【生活型】多年生丛生草本

【分布】产于河南、陕西、甘肃、浙江、江西、福建、台湾、湖北、湖南、广东、广西、四川、贵州、云南、西藏等省区。世界温暖地区皆有。重庆市各区县草山草坡常见。

【生境】生于海拔400~2 300m的山坡草地，尤以干热草坡特甚。

【饲用价值】嫩时牲畜喜食，但至花果期小穗的芒及基盘为害牲畜。

【其他用途】秆供造纸、编织，根、秆、花可为清凉剂。

白茅属

白　茅

【种名】白茅

【科名】禾本科

【属名】白茅属 *Imperata* Cyrillo

【学名】*Imperata cylindrica*（L.） Beauv.

【别名】茅、茅针、茅根

【生活型】多年生草本

【分布】产于辽宁、河北、山西、山东、陕西、新疆等北方地区。重庆市各区县山区常见。

【生境】生于低山带平原河岸草地、沙质草甸、荒漠与海滨。

【饲用价值】幼嫩时草食牲畜采食，饲用效果一般，成熟后为恶性杂草。

【其他用途】药用价值广，治吐血、尿血、小便不利、反胃、急性肾炎、水肿、湿热黄疸、胃热呕吐、肺热咳嗽、气喘、淋病、水肿、各种出血、中毒症、体虚等。

千金子属

千金子

【种名】 千金子

【科名】 禾本科

【属名】 千金子属 *Leptochloa* P. Beauv.

【学名】 *Leptochloa chinensis*（L.） Nees

【别名】 千两金、菩萨豆、续随子、联步、滩板救

【生活型】 一年生草本

【分布】 产于陕西、山东、江苏、安徽、浙江、台湾、福建、江西、湖北、湖南、四川、云南、广西、广东等省区。重庆市主要分布在西南部各区县。

【生境】 生于海拔 200~1 020m 潮湿之地。

【饲用价值】 全株可饲用，为良等饲用植物，草食牲畜喜食。

【其他用途】 药用，逐水消肿，破症杀虫。具有抗肿瘤作用。

虮子草

【种名】 虮子草

【科名】 禾本科

【属名】 千金子属 *Leptochloa* P. Beauv.

【学名】 *Leptochloa panicea*（Retzius） Ohwi

【别名】 无

【生活型】 一年生草本

【分布】 分布于全球的热带和亚热带地区。我国陕西、河南、江苏、安徽、浙江、台湾、福建、江西、湖北、湖南、四川、云南、广西、广东等省区有分布；重庆市西南、东南綦江、酉阳等县有分布。

【生境】 多生于田野路边、园圃内、湿润草地。

【饲用价值】 本种草质柔软，牛羊喜食，为优良禾本科牧草。

【其他用途】 保水、固土植物。

淡竹叶属

淡竹叶

【种名】 淡竹叶

【科名】 禾本科

【属名】 淡竹叶属 *Lophatherum* Brongn.

【学名】 *Lophatherum gracile* Brongn.

【别名】 竹叶、碎骨子、山鸡米、金鸡米、迷身草、竹叶卷心

【生活型】 多年生草本

【分布】 产于江苏、安徽、浙江、江西、福建、台湾、湖南、广东、广西、四川、云南等地。重庆市各区县中低海拔林下荫蔽处常见。

【生境】 生于山坡、林地或林缘、道旁荫蔽处。

【饲用价值】 可刈割作为草食牲畜青饲料，适口性一般。

【其他用途】 药用。其性味甘淡，能清心、利尿、祛烦躁，对于牙龈肿痛、口腔炎等有良好的疗效，民间多用其茎叶制作夏日消暑的凉茶饮用。

类芦属

山类芦

【种名】 山类芦

【科名】 禾本科

【属名】 类芦属 *Neyraudia* Hook. f.

【学名】 *Neyraudia montana* Keng

【别名】 无

【生活型】 多年生草本

【分布】 产于江西、浙江、安徽、湖北、重庆市等地。重庆市渝东部各区县山坡路边偶见。

【生境】 海拔 500~1 100m，山坡路旁。

【饲用价值】 秆、叶可作饲草，幼嫩时草食牲畜采食，适口性一般。

【其他用途】 未知。

类　芦

【种名】 类芦

【科名】 禾本科

【属名】 类芦属 *Neyraudia* Hook. f.

【学名】 *Neyraudia reynaudiana*（Kunth.）Keng ex Hitchc

【别名】 石珍茅

【生活型】 多年生草本

【分布】 产于海南、广东、广西、贵州、云南、四川、重庆市、湖北、湖南、江西、福建、台湾、浙江、江苏等省区；印度、缅甸至马来西亚、亚洲东南部均有分布。重庆市长江沿岸各区县有分布。

【生境】 生于河边、山坡或砾石草地，海拔 300~1 500m。

【饲用价值】 幼嫩时草食牲畜采食，成熟后适口性差。

【其他用途】 暂无。

甘蔗属

斑　茅

【种名】斑茅

【科名】禾本科

【属名】甘蔗属 *Saccharum* Linn.

【学名】*Saccharum arundinaceum* Retz.

【别名】大密

【生活型】多年生草本

【分布】产于河南、陕西、浙江、江西、湖北、湖南、福建、台湾、广东、海南、广西、贵州、四川、重庆市、云南等省区；也分布于印度、缅甸、泰国、越南、马来西亚。重庆市各区县均有零散分布。

【生境】生于山坡和河岸溪涧草地。

【饲用价值】幼嫩时草食牲畜采食，成熟后草质粗糙适口性差。

【其他用途】药用。通窍利水，破血通经。

河八王

【种名】河八王

【科名】禾本科

【属名】甘蔗属 *Saccharum* L.

【学名】*Saccharum narenga*（Nees ex Steudel）Wallich ex Hackel

【别名】草鞋密

【生活型】多年生草本

【分布】产于江苏、江西、广东、广西、四川等省区；广泛分布于亚洲东南部的热带地区，印度、缅甸均有分布。重庆市东部区域有零星分布。

【生境】多生于海拔 300~700m 的向阳山坡草地，耐干旱瘠薄。

【饲用价值】幼嫩秆叶可作饲草，抽穗后适口性下降。

【其他用途】为甘蔗的杂交亲本，秆叶可作造纸或燃料。

甘　蔗

【种名】甘蔗

【科名】禾本科

【属名】甘蔗属 *Saccharum* L.

【学名】*Saccharum officinarum* Linn.

【别名】秀贵甘蔗、紫叶蔗、黑皮果蔗、黑蔗、拔地拉、黄皮果蔗、糖蔗

【生活型】多年生草本

【分布】分布在东南亚太平洋诸岛国、大洋洲岛屿和古巴等地。我国台湾、福建、广东、海南、广西、四川、云南等南方热带地区广泛种植。重庆市各地区均有栽培。

【生境】热带经济作物。但根状茎不发达，分蘖力弱，抗寒、耐旱、耐贫瘠的能力均较弱。

【饲用价值】含糖量高，适口性好，秆梢与叶片是优质饲草料，牛、羊等家畜喜食。

【其他用途】茎秆为重要的制糖原料。可作纤维素供制纸；秆梢与叶片还可供药用，制酒精，养酵母以及作建筑材料等。

蔗　茅

【种名】蔗茅

【科名】禾本科

【属名】甘蔗属 *Saccharum* L.

【学名】*Saccharum rufipilum* Steudel

【别名】桃花芦

【生活型】多年生高大丛生草本

【分布】产于河南、陕西南部、湖北、四川、贵州、云南等省区；也分布于尼泊尔、印度北部。重庆市各区县有零散分布。

【生境】生于海拔 1 300~2 400m 的山坡谷地。

【饲用价值】幼嫩茎叶可作刈割、放牧饲用。

【其他用途】可作造纸原料，有保水固土作用。

甜根子草

【种名】甜根子草

【科名】禾本科

【属名】甘蔗属 *Saccharum* L.

【学名】*Saccharum spontaneum* Linn.

【别名】割手密、硬骨草、罗氏甜根子草

【生活型】多年生簇生草本

【**分布**】分布于印度、缅甸、泰国、越南、马来西亚、印度尼西亚、澳大利亚东部至日本，以及欧洲南部。我国产于陕西、江苏、安徽、浙江、江西、湖南、湖北、福建、台湾、广东、海南、广西、贵州、四川、云南等热带亚热带至暖温带的广大区域。重庆市各区县中低海拔区域有零散分布。

【**生境**】生于海拔 2 000m 以下的平原和山坡，河旁溪流岸边、砾石沙滩荒洲上，常连片形成单优势群落。

【**饲用价值**】秆、叶嫩时牛、羊喜食，生长后期秆、叶坚硬粗糙，利用价值降低，宜在嫩时刈割和放牧利用。

【**其他用途**】秆供制绳索和造纸原料；巩固河堤的保土植物，是栽培甘蔗进行有性杂交育种的主要野生材料，在育种上的价值是：植株具横走的长根状茎、能早萌生、快发芽、分蘖多、生长快、抗性强、耐旱、耐瘠、宿根性好等特性。

金发草属

金丝草

【种名】金丝草

【科名】禾本科

【属名】金发草属 *Pogonatherum* Beauv.

【学名】*Pogonatherum crinitum*（Thunb.）Kunth

【别名】笔子草、金丝茅、黄毛草、牛母草

【生活型】多年生草本

【分布】日本、中南半岛、印度等地有分布。我国产于安徽、浙江、江西、福建、台湾、湖南、湖北、广东、海南、广西、四川、贵州、云南等省区。重庆市各区县中低海拔区域均有分布。

【生境】海拔 2 000m 以下，田埂、路旁、河、溪边、石缝瘠土或灌木下阴湿地。

【饲用价值】为良等饲草，草食牲畜喜食，适口性较好，可刈割利用。

【其他用途】药用，清热，利水。

金发草

【种名】金发草

【科名】禾本科

【属名】金发草属 *Pogonatherum* Beauv.

【学名】*Pogonatherum paniceum*（Lamarck）Hackel

【别名】竹篙草、黄毛草、蓑衣草、竹叶草、露水草、金黄草、金发竹

【生活型】多年生草本

【分布】印度、马来西亚到大洋洲均有分布。我国产于湖北、湖南、广东、广西、贵州、云南、四川诸省区。重庆市主要分布在沿江各县，西部、南部各区县。

【生境】生于海拔 2 300m 以下的山坡、草地、路边、溪旁草地的干旱向阳处。

【饲用价值】幼嫩茎叶可作放牧饲用。

【其他用途】是优良的岩生护坡植物，同时具有较高的观赏价值。

棒头草属

棒头草

【种名】 棒头草

【科名】 禾本科

【属名】 棒头草属 *Polypogon* Desf.

【学名】 *Polypogon fugax* Nees ex Steud.

【别名】 狗尾稍草、稍草

【生活型】 一年生草本

【分布】 朝鲜、日本、俄罗斯、印度、不丹及缅甸等国有分布。我国南北各地均有分布；在重庆市各区县荒草地，路边有分布。

【生境】 海拔 100~3 600m 山坡，田边，潮湿处。

【饲用价值】 为良等饲草，草食牲畜喜食，适口性较好。

【其他用途】 药用。

黑麦草属

多花黑麦草

【种名】 多花黑麦草

【科名】 禾本科

【属名】 黑麦草属 *Lolium* L.

【学名】 *Lolium multiflorum* Lamk.

【别名】 无

【生活型】 一二年生草本

【分布】 分布于非洲、欧洲、亚洲西南，引入世界各地种植。产于我国新疆（伊吾）、陕西、河北、湖南、贵州、云南、四川、江西等省区。作为优质草食牲畜青饲料，重庆市各地均有引种栽培。

【生境】 田间或草地。

【饲用价值】 优质饲草，适口性极好，刈割利用，亦可放牧，草食牲畜、家畜、家禽、草鱼均喜食。

【其他用途】 可作生态治理先锋种，快速形成绿地。

黑麦草

【种名】 黑麦草

【科名】 禾本科

【属名】 黑麦草属 *Lolium* L.

【学名】 *Lolium perenne* Linn.

【别名】 多年生黑麦草

【生活型】 多年生草本

【分布】 产于克什米尔地区、巴基斯坦、欧洲、亚洲暖温带、非洲北部。我国各地普遍引种栽培。主要优质牧草，重庆市各地均有栽培。

【生境】 生于草甸草场，路旁湿地。

【饲用价值】 柔嫩多汁，适口性极好，刈割利用，亦可放牧，是牛、羊、兔、猪、鸡、鹅、鱼的优质青绿饲料。

【其他用途】 建植草坪，绿化。

三毛草属

三毛草

【种名】 三毛草

【科名】 禾本科

【属名】 三毛草属 *Trisetum* Pers.

【学名】 *Trisetum bifidum*（Thunb.） Ohwi

【别名】 蟹钓草

【生活型】 多年生草本

【分布】 我国长江以南各省市均有分布；国外分布于朝鲜及日本。重庆市各区县有零散分布。

【生境】 海拔490~2 500m的山坡路旁、林荫处及沟边湿草地。

【饲用价值】 茎叶质地柔嫩，牛羊喜食。刈割青饲或制作干草皆可。

【其他用途】 未知。

湖北三毛草

【种名】 湖北三毛草

【科名】 禾本科

【属名】 三毛草属 *Trisetum* Pers.

【学名】 *Trisetum henryi* Rendle

【别名】 亨利三毛

【生活型】 多年生草本

【分布】 产自陕西、山西（垣曲、芮城县）、河南、江苏、安徽、浙江、江西、湖北、四川（东南部）等省区。重庆市东部、东南部区县有零散分布。

【生境】 生于海拔2 380m以下的山野路旁草地或林下潮湿处。

【饲用价值】 茎叶具饲用价值，属良等牧草。

【其他用途】 草地植被，保水固土。

西伯利亚三毛草

【种名】西伯利亚三毛草

【科名】禾本科

【属名】三毛草属 *Trisetum* Pers.

【学名】*Trisetum sibiricum* Rupr.

【别名】无

【生活型】多年生草本

【分布】产自东北、华北、甘肃、新疆、西藏、青海、陕西、湖北（神农架）、四川、云南等省区。分布于欧洲及亚洲温带地区。重庆市大巴山区城口、巫溪县有零星分布。

【生境】生于海拔 750~4 200m 的山坡草地、草原上或林下、灌丛中潮湿处。

【饲用价值】草质柔软，为各类家畜所喜食，尤其是马嗜食；调制的干草为各类家畜喜食；属刈牧兼用的优良牧草。

【其他用途】是山地草甸草场的伴生种，可用于草场建植补播。

玉蜀黍属

玉　米

【种名】 玉米

【科名】 禾本科

【属名】 玉蜀黍属 *Zea* Linn.

【学名】 *Zea mays* Linn.

【别名】 苞谷、苞米

【生活型】 一年生草本

【分布】 起源于南美洲，全国各地均有栽培。重庆市各区县广泛栽培。

【生境】 田间地头、各种坡耕地均可。

【饲用价值】 饲料之王，籽粒是重要的精饲料、全株可作青饲料和青贮饲料利用，产量高，适口性好，营养价值高。

【其他用途】 初加工产品和副产品可作为基础原料进一步加工利用，在食品、化工、发酵、医药、纺织、造纸等工业生产中制造种类繁多的产品。

墨西哥玉米

【种名】 墨西哥玉米

【科名】 禾本科

【属名】 玉蜀黍属 *Zea* Linn.

【学名】 *Zea mexicana*（Schrad.）Kuntze

【别名】 大刍草

【生活型】 一年生高大草本

【分布】 原产于中美洲的墨西哥。20 世纪 80 年代引入中国，我国长江以南地区作饲草料栽培。重庆市引种栽培。

【生境】 温暖湿润的田间地头。

【饲用价值】 茎叶柔嫩，适口性好，营养全面。草食性畜喜食，加工后和饲喂其他畜禽及鱼类，亦可制作青贮饲料。

【其他用途】 可作能源植物利用。

臭草属

臭　草

【种名】 臭草

【科名】 禾本科

【属名】 臭草属 *Melica* Linn.

【学名】 *Melica scabrosa* Trin.

【别名】 毛臭草

【生活型】 多年生草本

【分布】 产自东北、华北、西北及山东、江苏、安徽、河南、湖北、四川、重庆、云南、西藏以及朝鲜等地。重庆市中高海拔山区有分布。

【生境】 海拔 200~3 300m 的山坡草地、荒芜田野、渠边路旁。

【饲用价值】 为良等饲草，全株可放牧利用，草食牲畜喜食。

【其他用途】 未知。

广序臭草

【种名】 广序臭草

【科名】 禾本科

【属名】 臭草属 *Melica* Linn.

【学名】 *Melica onoei* Franch. et Sav.

【别名】 无

【生活型】 多年生草本

【分布】 产于我国河北、山西、陕西、甘肃、山东、江苏、安徽、浙江、江西、台湾、河南、湖北、湖南、四川、贵州、云南、西藏等省区；朝鲜和日本也有分布。重庆市武陵山脉和大巴山脉各区县有零散分布。

【生境】 海拔 400~2 500m 的路旁、草地、山坡阴湿处及山沟或林下。

【饲用价值】 为良等饲草，全株可放牧利用，草食牲畜喜食。

【其他用途】 未知。

显子草属

显子草

【种名】 显子草

【科名】 禾本科

【属名】 显子草属 *Phaenosperma* Munro ex Benth.

【学名】 *Phaenosperma globosa* Munro ex Benth.

【别名】 岩高粱、青竹草、别门

【生活型】 多年生草本

【分布】 产于甘肃、西藏、陕西、华北、华东、中南、西南等省区；日本和朝鲜也有分布。重庆市各区县均有分布。

【生境】 海拔 150~1 800m，山坡林下、山谷溪旁及路边草丛。

【饲用价值】 为良等饲草。可放牧利用，刈割青饲，适口性较好，草食牲畜喜食。

【其他用途】 全草均可入药，药用功能有健脾、活血、调经。

山羊草属

节节麦

【种名】 节节麦

【科名】 禾本科

【属名】 山羊草属 *Aegilops* Linn.

【学名】 *Aegilops tauschii* Cosson

【别名】 粗山羊草

【生活型】 一年生草本

【分布】 节节麦起源于亚洲西部，最初是作为饲料人工引种的。在中国已经分布于陕西、河南、山东、江苏等地；节节麦耐干旱，适应性强，成为旱田、草地、麦田的常见杂草。重庆市区县农区地带零星有分布。

【生境】 多生于荒芜草地或麦田中。

【饲用价值】 为良等饲草，可刈割放牧利用。

【其他用途】 生命力强，耐旱，可作水土保持、植被恢复草种。

沟稃草属

沟稃草

【种名】 沟稃草

【科名】 禾本科

【属名】 沟稃草属 *Aniselytron* Merr.

【学名】 *Aniselytron treutleri*（Kuntze） Hack.

【别名】 日本沟稃草

【生活型】 多年生草本

【分布】 产于台湾、湖北、四川、贵州、广西等省区。在缅甸、印度北部也有分布。重庆市南部，中部地区有零散分布。

【生境】 生于海拔 1 350~2 000m 的林下、山谷、草地等阴湿处。

【饲用价值】 茎叶具放牧饲用价值。

【其他用途】 清热利尿，主小便赤涩；通便。

黄花茅属

茅 香

【种名】 茅香

【科名】 禾本科

【属名】 黄花茅属 *Anthoxanthum* Linn.

【学名】 *Anthoxanthum nitens*（Weber） Y. Schouten &Veldkamp

【别名】 香麻、香茅、香草

【生活型】 多年生草本

【分布】 产自内蒙古、甘肃、新疆、青海、陕西、山西、河北、山东、云南等省区。重庆市偶见，渝东南区县山地有分布。

【生境】 常生于海拔 850~3 750m 的阴坡、林间草地、林缘河谷地、河漫滩或湿润草地，也常见于撂荒地上。

【饲用价值】 牛、马、羊喜食，为良好牧草。

【其他用途】 可作香草浸剂，药草及制酒的原料；药用，凉血、止血、清热利尿，用于吐血、尿血、急慢性肾炎浮肿、热淋；其根茎蔓延还可巩固坡地以防止水土流失。

菵草属

菵　草

【种名】菵草

【科名】禾本科

【属名】菵草属 *Beckmannia* Host

【学名】*Beckmannia syzigachne*（Steudel）Fernald

【别名】菵米、水稗子

【生活型】一年生草本

【分布】产于全国各地。广布于全世界。重庆市西部和东部等区县农区地带有零散分布。

【生境】生于海拔 3 700m 以下之湿地，河岸湖旁，水沟边及浅的流水中，具有一定耐盐性。

【饲用价值】枝叶繁茂，草质柔软，营养价值高，开花前牲畜均喜食，可调制干草。

【其他用途】清热、利胃肠、益气。主治感冒发热、食滞胃肠、身体乏力。

臂形草属

毛臂形草

【种名】 毛臂形草

【科名】 禾本科

【属名】 臂形草属 *Brachiaria* Griseb.

【学名】 *Brachiaria villosa*（Lamarck）A. Camus

【别名】 髯毛臂形草

【生活型】 一年生草本

【分布】 分布于亚洲东南部。我国产于河南、陕西、甘肃、安徽、江西、浙江、湖南、湖北、四川、贵州、福建、台湾、广东、广西、云南等省区；重庆市各区县有零散分布。

【生境】 生于田野和山坡草地。

【饲用价值】 全株可饲用，可放牧利用。

【其他用途】 作园林绿化植物；药用，清热利尿、通便。

沿沟草属

沿沟草

【种名】沿沟草

【科名】禾本科

【属名】沿沟草属 *Catabrosa* Beauv.

【学名】*Catabrosa aquatica*（L.） Beauv.

【别名】无

【生活型】多年生草本

【分布】产自内蒙古、甘肃、青海、新疆（青河、裕民、温泉、乌鲁木齐、霍城、尼勒克、巩留、和静）、四川、云南、西藏等省区。重庆市西南部各区县有零散分布。

【生境】生于河旁、池沼、水溪边及草甸。分布于欧洲、亚洲温带地区各国及北美。

【饲用价值】草质柔软，营养丰富，叶量大，为优等牧草，各类家畜均喜食，具栽培驯化价值。

【其他用途】药用，全草治肺炎、肝炎。

隐子草属

朝阳隐子草

【种名】 朝阳隐子草

【科名】 禾本科

【属名】 隐子草属 *Cleistogenes* Keng

【学名】 *Cleistogenes hackelii*（Honda） Honda

【别名】 中华隐子草、朝阳青茅

【生活型】 多年生草本

【分布】 产自内蒙古、宁夏、青海、河北、山西、陕西等省区。重庆市少见，渝东南区县山地有零星分布。

【生境】 多生于山坡、丘陵、林缘草地。

【饲用价值】 本种为良好牧草，家畜喜食。

【其他用途】 具有绿化山林及防止水土流失的作用。

香茅属

芸香草

【种名】芸香草

【科名】禾本科

【属名】香茅属 *Cymbopogon* Spreng.

【学名】*Cymbopogon distans*（Nees） Wats.

【别名】诸葛草

【生活型】多年生草本

【分布】产于陕西、甘肃南部、四川、云南、西藏（墨脱）等地区；也分布于印度西北部、克什米尔地区、尼泊尔及巴基斯坦。重庆市渝东及渝东南山地有零星分布。

【生境】生于海拔 2 000~3 500m 的山地、丘陵、河谷、干旱开旷草坡，地边、路边、灌丛草地等。

【饲用价值】幼嫩时期，草质柔软，牛、羊喜食；抽穗开花后，适口性下降。

【其他用途】茎叶提取芳香油，供工业用；药用，具有解表、利湿、止咳平喘之功效，用于风寒感冒、伤暑、吐泻腹痛、小便淋痛、风湿痹痛、咳嗽气喘。

枫　茅

【种名】枫茅

【科名】禾本科

【属名】香茅属 *Cymbopogon* Spreng.

【学名】*Cymbopogon winterianus* Jowitt

【别名】爪哇香茅

【生活型】多年生大型丛生草本

【分布】广东海南岛（兴隆福山）、台湾引种栽培；分布于印度、斯里兰卡、马来西亚、印度尼西亚爪哇至苏门答腊。重庆市偶见，南部区县零星分布。

【生境】喜高温多雨的气候条件，为阳性植物，对土壤要求不严，在沙壤土、石砾土、红褐土、红壤等均能生长。

【饲用价值】幼嫩茎叶可作饲草料。

【其他用途】栽培的香料植物，茎叶是提取精油香草醛（Citronellal）的原料，鲜叶含油量高，品质优于亚香茅；可作药用。

弓果黍属

弓果黍

【种名】 弓果黍

【科名】 禾本科

【属名】 弓果黍属 *Cyrtococcum* Stapf

【学名】 *Cyrtococcum patens*（Linn.） A. Camus

【别名】 瘤穗弓果黍、散穗弓果黍

【生活型】 一年生草本

【分布】 产于江西、广东、广西、福建、台湾和云南等省区；广泛分布于东南亚各地。重庆市渝东南区县山地有零星分布。

【生境】 生于丘陵杂木林或草地较阴湿处，路旁灌丛、果园等处，较耐阴湿环境，常成群生长。

【饲用价值】 茎、叶柔软，牛、羊极喜食，为优良饲草种，可作林牧或果牧结合草种，供刈割饲用或放牧饲用。

【其他用途】 园林上作林下荫生观赏植物栽培。

发草属

发　草

【种名】 发草

【科名】 禾本科

【属名】 发草属 *Deschampsia* Beauv.

【学名】 *Deschampsia cespitosa*（Linn.） P. Beauvois

【别名】 深山米芒

【生活型】 多年生草本

【分布】 多分布于北半球温带；我国产于东北、华北、西北、西南等地区。重庆市渝东南南川等区县有分布。

【生境】 喜湿润，生于海拔 1 500~4 500m 的河滩地、灌丛中及草甸草原。常与垂穗披碱草等形成群落。

【饲用价值】 营养期为牲畜所喜食，为中等饲草。可建立人工或半人工草地，用于草地改良补播。

【其他用途】 秆细长柔软，适于编织草帽；驯化后可用于高寒地区草坪建植。

双花草属

双花草

【种名】 双花草

【科名】 禾本科

【属名】 双花草属 *Dichanthium* Willemet

【学名】 *Dichanthium annulatum*（Forsk.）Stapf

【别名】 无

【生活型】 多年生草本

【分布】 产于湖北、广东、广西、四川、贵州、云南等省区；分布于亚洲东南部、非洲及大洋洲。重庆市缙云山区域有分布。

【生境】 生于海拔 500～1 800m 山坡草地，喜热带、亚热带夏季多雨气候，耐瘦瘠，能适应各类土壤生长，但以在壤土上生长最佳。

【饲用价值】 为良等饲草，营养生长期秆叶柔嫩，多分枝，适口性好，牛、羊喜食。

【其他用途】 保水固土植物。

觿茅属

觿 茅

【种名】觿茅

【科名】禾本科

【属名】觿茅属 *Dimeria* R. Br.

【学名】*Dimeria ornithopoda* Trinius

【别名】雁股茅

【生活型】一年生草本

【分布】产于广东、广西、香港、云南等省区。重庆市少见，东南部山地有零散分布。

【生境】生于海拔 2 000m 以下的路边、林间草地、岩石缝的阴湿处。

【饲用价值】秆叶幼嫩时可作饲料。

【其他用途】山坡草地，保水固土植物。

蜈蚣草属

假俭草

【种名】假俭草
【科名】禾本科
【属名】蜈蚣草属 *Eremochloa* Buese
【学名】*Eremochloa ophiuroides*（Munro）Hackel
【别名】爬根草
【生活型】多年生草本
【分布】产于江苏、浙江、安徽、湖北、湖南、福建、台湾、广东、广西、贵州等省区。中南半岛也有分布。重庆市渝东南各区县有零散分布。
【生境】生于潮湿草地及河岸、路旁。
【饲用价值】牛、羊喜食，耐践踏，为优良放牧草种。
【其他用途】匍匐茎蔓延性强，为优良草坪及保土固堤植物。

黄金茅属

金　茅

【**种名**】金茅

【**科名**】禾本科

【**属名**】黄金茅属 *Eulalia* Kunth

【**学名**】*Eulalia speciosa*（Debeaux）Kuntze

【**别名**】假青茅、黄茅、青香茅

【**生活型**】多年生草本

【**分布**】产于陕西南部、华东、华中、华南以及西南各地区。日本、朝鲜与印度也有分布。重庆市各区县均有分布。

【**生境**】常生于山坡草地、路边。

【**饲用价值**】幼嫩时期牛羊采食，但抽穗后极少采食。

【**其他用途**】茎、叶柔韧，可作造纸、制绳及人造棉的原料。

甜茅属

甜　茅

【种名】甜茅

【科名】禾本科

【属名】甜茅属 *Glyceria* R. Br.

【学名】*Glyceria acutiflora Torrey* subsp. *japonica*（Steudel）T. Koyama & Kawano

【别名】无

【生活型】多年生草本

【分布】产于江苏、安徽、浙江、江西、福建、河南、湖北、湖南、四川、云南等省区。分布于朝鲜、日本等地。重庆市綦江区等区县有零散分布。

【生境】生于海拔470~1 030m的农田、小溪及水沟。

【饲用价值】幼嫩茎叶可作放牧饲草用。

【其他用途】水土保持，固土植物。

大麦属

栽培二棱大麦

【种名】栽培二棱大麦

【科名】禾本科

【属名】大麦属 *Hordeum* L.

【学名】*Hordeum distichon* Linn.

【别名】无

【生活型】一年生或越年生草本

【分布】河北、青海、西藏等省区均有种植。重庆市涪陵、万州等区县有引种栽培。

【生境】生育期短，对温度要求不严，凡夏季平均气温在16℃左右地区均可种植。

【饲用价值】栽培作物，颖果作饲料；大麦茎叶繁茂，柔嫩多汁，适口性好，营养丰富，是良好的青饲料；大麦刈割后也可调制干草和青贮饲料。

【其他用途】粮食作物；籽粒可作啤酒原料。

大　麦

【种名】大麦

【科名】禾本科

【属名】大麦属 *Hordeum* L.

【学名】*Hordeum vulgare* Linn.

【别名】无

【生活型】一年生或越年生草本

【分布】我国南北各地栽培。重庆市各区县有栽种。

【生境】生育期短，对温度要求不严，凡夏季平均气温在16℃左右地区均可种植。

【饲用价值】大麦茎叶繁茂，柔嫩多汁，适口性好，营养丰富，是良好的青饲料；大麦刈割后也可调制干草和青贮饲料；籽粒可作精饲料原料。

【其他用途】大麦的主要作用是供食用；籽粒可作啤酒原料。

藏青稞

【种名】藏青稞

【科名】禾本科

【属名】大麦属 *Hordeum* L.

【学名】*Hordeum vulgare* var. *trifurcatum*（Schlecht.） Alef.

【别名】三叉大麦、裸大麦、元麦、米大麦

【生活型】一年生草本

【分布】我国青海、西藏、四川、甘肃等省区常栽培，华北等地区也有种植。其种子来源于法国。重庆市部分区县偶见栽种。

【生境】耐寒、耐旱，适宜生长在较肥沃的黏壤土或壤土上，酸性土壤、泥炭土、沼泽地及沙质土都不利于生长。

【饲用价值】籽实可作精饲料，秸秆质地柔软，是高寒地区冬季的主要饲草；麦糠也是家畜的粗饲料。

【其他用途】供人食用，另可酿青稞酒。

猬草属

猬 草

【种名】猬草

【科名】禾本科

【属名】猬草属 *Hystrix* Moench

【学名】*Hystrix duthiei*（Stapf） Bor

【别名】无

【生活型】多年生草本

【分布】产于西藏、陕西、浙江、湖北、湖南、四川、云南等省区。重庆市金佛山区域有分布。

【生境】多生于山谷林缘和灌丛中。

【饲用价值】秆叶柔软，牲畜喜食，为良等牧草。

【其他用途】草地植被，保水固土。

柳叶箬属

白花柳叶箬

【种名】白花柳叶箬

【科名】禾本科

【属名】柳叶箬属 *Isachne* R. Br.

【学名】*Isachne albens* Trinius

【别名】无

【生活型】多年生草本

【分布】分布自尼泊尔、印度东部经我国南部至中南半岛、菲律宾、印度尼西亚，向东可达巴布亚新几内亚。我国产于四川、贵州、福建、台湾、广东、广西、云南；重庆市渝西南綦江等各区县有零散分布。

【生境】生于海拔 1 000~2 600m 的山坡、谷地、溪边或林缘草地中。

【饲用价值】幼嫩茎叶可作饲草。

【其他用途】可作园林植物。

纤毛柳叶箬

【种名】纤毛柳叶箬

【科名】禾本科

【属名】柳叶箬属 *Isachne* R. Br.

【学名】*Isachne ciliatiflora* Keng ex P. C. Keng

【别名】无

【生活型】多年生草本

【分布】产自四川。重庆市涪陵区等长江流域区县有零散分布。

【生境】生于 1 500m 以上的山坡、路旁潮湿之地。

【饲用价值】本种与柳叶箬相似，抽穗前秆、叶柔嫩，可作家畜饲草，宜作林下及湿地放牧草种。

【其他用途】可作园林绿化植物。

柳叶箬

【种名】柳叶箬

【科名】禾本科

【属名】柳叶箬属 *Isachne* R. Br.

【学名】*Isachne globosa*（Thunberg）Kuntze

【别名】百珠篠、细叶篠、类黍柳叶箬

【生活型】多年生草本

【分布】产于我国辽宁、山东、河北、陕西、河南、江苏、安徽、浙江、江西、湖北、四川、贵州、湖南、福建、台湾、广东、广西、云南；日本、印度、马来西亚、菲律宾、太平洋诸岛以及大洋洲均有分布。重庆市江津、綦江、南川等南部区县有分布。

【生境】生于低海拔区域的缓坡、平原草地中，田基、浅水、低湿地或林下湿地中，亦为稻田中的杂草。

【饲用价值】抽穗前秆、叶柔嫩，家畜极喜食，也为饲养家兔的良好饲草，宜作林下及湿地放牧草种。

【其他用途】药用，用于小便淋痛、跌打损伤。

日本柳叶箬

【种名】日本柳叶箬

【科名】禾本科

【属名】柳叶箬属 *Isachne* R. Br.

【学名】*Isachne nipponensis* Ohwi

【别名】无

【生活型】多年生草本

【分布】我国产于浙江、江西、福建、湖南、广东、广西；朝鲜、日本也有分布。重庆市渝东南武隆、南川等区县有零散分布。

【生境】多生于海拔 1 000m 以下的山坡、路旁、林地等潮湿草地中。

【饲用价值】全株可饲用，多为放牧利用，牛采食。

【其他用途】可作园林绿化植物。

鸭嘴草属

细毛鸭嘴草

【种名】细毛鸭嘴草

【科名】禾本科

【属名】鸭嘴草属 *Ischaemum* L.

【学名】*Ischaemum ciliare* Retzius

【别名】纤毛鸭嘴草

【生活型】多年生草本

【分布】产于我国浙江、福建、台湾、广东、广西、云南等省区；印度、中南半岛和东南亚各国及非洲都有分布。重庆市武陵山脉南部区县零散分布。

【生境】多生于山坡草丛中和路旁及旷野草地，喜温暖湿润的沙壤土。

【饲用价值】适口性好，放牧家畜常优先采食该草，再采食其他草种；宜放牧，可与柱花草、大翼豆等豆科牧草混播作混播草地。

【其他用途】草地植被，保水固土。

假稻属

李氏禾

【种名】李氏禾

【科名】禾本科

【属名】假稻属 *Leersia* Soland ex Swartz.

【学名】*Leersia hexandra* Swartz

【别名】秕壳草、假稻、游草

【生活型】多年生草本

【分布】产于我国广西、广东、海南、台湾、福建、贵州、四川、云南、湖南、江苏。分布于全球热带地区。重庆市各区县农区地带有分布。

【生境】生于河沟、田岸、水边湿地或疏林下。

【饲用价值】秆叶可作牲畜饲料，牛喜食。

【其他用途】园林绿化，湿地修复先锋物种。

假　稻

【种名】假稻

【科名】禾本科

【属名】假稻属 *Leersia* Soland ex Swartz.

【学名】*Leersia japonica*（Makino ex Honda）Honda

【别名】水游草

【生活型】多年生草本

【分布】产于江苏、浙江、湖南、湖北、四川、贵州、广西、河南、河北。日本也有分布。重庆市南川区有分布。

【生境】生于池塘、水田、溪沟湖旁水湿地。

【饲用价值】植株在未抽穗前可作饲草。

【其他用途】药用，具除湿、利水，治风湿麻痹、下肢浮肿等功效。

莠竹属

柔枝莠竹

【种名】柔枝莠竹

【科名】禾本科

【属名】莠竹属 *Microstegium* Nees

【学名】*Microstegium vimineum*（Trinius） A. Camus

【别名】大穗莠竹、莠竹

【生活型】一年生草本

【分布】产于河北、河南、山西、江西、湖南、福建、广东、广西、贵州、四川及云南；也分布于印度、缅甸至菲律宾，北至朝鲜、日本。重庆市各区县常见。

【生境】生于林缘与阴湿草地。

【饲用价值】草质柔嫩，牛、马、羊均喜采食，特别为黄牛和水牛所喜爱。我国南方夏秋季常刈割调制干草，供冬季补饲用。粗蛋白质含量较高，是一种饲用价值较高的优质牧草。

【其他用途】造纸制浆。

刚莠竹

【种名】刚莠竹

【科名】禾本科

【属名】莠竹属 *Microstegium* Nees

【学名】*Microstegium ciliatum*（Trin.） A. Camus

【别名】大种假莠竹、二芒莠竹、二型莠竹

【生活型】多年生蔓生草本

【分布】产于江西、湖南、福建、台湾、广东、海南、广西、四川、云南等省区；也分布于印度、缅甸、泰国、印度尼西亚爪哇、马来西亚。重庆市南川金佛山区域有分布。

【生境】阴坡林缘，林下、沟边、旷野湿地。

【饲用价值】叶片宽大繁茂，质地柔嫩，分枝多，产量大，牛、羊喜食，利用期较长，为家畜的优质饲草。

【其他用途】秆叶也可用作造纸原料。

日本莠竹

【种名】日本莠竹

【科名】禾本科

【属名】莠竹属 *Microstegium* Nees

【学名】*Microstegium japonicum*（Miquel）Koidzumi

【别名】无

【生活型】一年生蔓生草本

【分布】产于我国江苏、安徽、浙江、江西、湖北、湖南等省区，东亚地区各国也有分布。重庆市武陵山脉各区县零散分布。

【生境】林缘沟边、山坡路旁。

【饲用价值】茎叶可作饲草用，牛、羊喜食。

【其他用途】园林绿化。

竹叶茅

【种名】竹叶茅

【科名】禾本科

【属名】莠竹属 *Microstegium* Nees

【学名】*Microstegium nudum*（Trinius）A. Camus

【别名】无

【生活型】一年生蔓生草本

【分布】产于河北、陕西、江苏、安徽、江西、湖北、湖南、四川、云南、西藏等省区；也分布于印度、巴基斯坦、尼泊尔、克什米尔以及大洋洲和非洲等东半球热带地区。重庆市金佛山及南部区县有分布。

【生境】生于疏林下或山地阴湿沟边，常为田间或路旁杂草，海拔达 3 100m。

【饲用价值】秆叶为良好的饲草料。

【其他用途】可作园林植物使用。

稻 属

稻

【种名】 稻

【科名】 禾本科

【属名】 稻属 *Oryza* L.

【学名】 *Oryza sativa* Linn.

【别名】 糯、粳

【生活型】 一年生水生草本

【分布】 野生种产于我国广东、海南等南方省区，现亚洲热带各国广泛种植。重庆市各区县常见栽培种。

【生境】 湿生植物，好湿喜温。各地栽培种植于水稻田里。

【饲用价值】 全株可饲用，稻米的副产品有稻草、粗糠和细糠，稻草可作牛、羊冬季饲草，糠可作饲料原料使用。

【其他用途】 主产品为稻米，营养价值高，是人们喜爱的主粮之一；可酿酒、制醋、提取淀粉等。稻草还可供搓绳、编织器物、造纸、建房之用。

虉草属

虉　草

【种名】虉草

【科名】禾本科

【属名】虉草属 *Phalaris* L.

【学名】*Phalaris arundinacea* Linn.

【别名】草芦、园草芦

【生活型】多年生草本

【分布】产于我国黑龙江、吉林、辽宁、内蒙古、甘肃、新疆、陕西、山西、河北、山东、江苏、浙江、江西、湖南、四川。重庆市武隆县域及周边乌江沿岸有分布。

【生境】海拔75~3 200m的林下、潮湿草地或水湿处。

【饲用价值】草质鲜嫩，叶量大，营养价值丰富，适口性好，为牲畜喜食的优良牧草，收割或放牧以后再生力很强。栽培驯化容易成功，是天然草地补播和人工草地建植的优良牧草。

【其他用途】秆可编织用具或造纸。

丝带草

【种名】丝带草

【科名】禾本科

【属名】虉草属 *Phalaris* L.

【学名】*Phalaris arundinacea* var. *picta* Linn.

【别名】玉带草、花叶虉草

【生活型】多年生草本

【分布】我国大部分地区均有分布。重庆市东部巫山等区县等有分布。

【生境】海拔75~3 200m的林下、潮湿草地或水湿处。

【饲用价值】幼嫩时为牲畜喜食的优良牧草，可刈割或放牧利用，再生能力强。

【其他用途】观赏，植于花盆中常刈短其秆，令矮生以观赏其叶片；秆可编织用具或造纸。

梯牧草属

高山梯牧草

【种名】 高山梯牧草

【科名】 禾本科

【属名】 梯牧草属 *Phleum* L.

【学名】 *Phleum alpinum* Linn.

【别名】 无

【生活型】 多年生草本

【分布】 产于我国东北、陕西、甘肃、台湾、四川、云南、西藏诸省区。在欧亚大陆之北部和美洲也有分布。重庆市东北区域城口，巫溪等高海拔区域偶见。

【生境】 常生于海拔 1 500~3 900m 的高山草地、灌丛、水边。

【饲用价值】 草质柔软，适口性好，为各类家畜所喜食；营养价值中等；植株矮小，产草量较低，再生性较差，属夏季放牧利用的牧草。

【其他用途】 水土保持植物。

鬼蜡烛

【种名】 鬼蜡烛

【科名】 禾本科

【属名】 梯牧草属 *Phleum* L.

【学名】 *Phleum paniculatum* Hudson

【别名】 假看麦娘、水蜡烛、蒲菜、蒲棒、水蜡

【生活型】 一年生草本

【分布】 产于我国长江流域和山西、陕西、甘肃等省区。在欧亚大陆的温带地区也有分布。重庆市城口、巫溪等渝东北部区县有分布。

【生境】 海拔 1 800m 以下山坡、道旁、田野以及池沼旁。

【饲用价值】 茎叶可作刈割、放牧饲用。

【其他用途】 食用，为有名的水生蔬菜；药用，清热凉血、迅速止血镇痛。

芦苇属

芦　苇

【**种名**】芦苇

【**科名**】禾本科

【**属名**】芦苇属 *Phragmites* Adans.

【**学名**】*Phragmites australis*（Cavanilles）Trinius ex Steudel

【**别名**】芦、苇、葭、蒹

【**生活型**】多年生草本

【**分布**】产于全国各地。全球温带地区广泛分布的多型种。重庆市长江流域区县水系地带有分布。

【**生境**】江河湖泽、池塘沟渠沿岸和低湿地。除森林生境外，各种有水源的空旷地带，易形成连片的芦苇群落。

【**饲用价值**】抽穗前，草质良好，具有甜味，适口性好，为牛、马所喜食；抽穗后，纤维增多，适口性下降，但叶和茎仍为牛所喜食；宜开花前调制干草；根系发达，再生能力强，是很好的刈牧兼用型牧草。

【**其他用途**】秆为造纸原料或作编席织帘及建棚材料；为固堤造陆先锋环保植物；芦花、芦根可供药用。

卡开芦

【**种名**】卡开芦

【**科名**】禾本科

【**属名**】芦苇属 *Phragmites* Adans.

【**学名**】*Phragmites karka*（Retzius）Trinius ex Steudel

【**别名**】水竹、水芦

【**生活型**】多年生草本

【**分布**】产于海南、广东、台湾、福建、广西和云南南部。亚洲东南部、非洲、大洋洲、印度、克什米尔地区、巴基斯坦、中南半岛、波利尼西亚、马来西亚和澳大利亚北部均有分布。重庆市长江流域各区县有分布。

【生境】海拔 1 000m 以下的江河湖岸与溪旁湿地。

【饲用价值】幼嫩时可作牛饲料，粗老后牲畜不食。

【其他用途】本种为优良的固堤植物，亦可用于造纸、编织和盖屋。

落芒草属

钝颖落芒草

【种名】 钝颖落芒草

【科名】 禾本科

【属名】 落芒草属 *Piptatherum* P. Beauv.

【学名】 *Piptatherum kuoi* S. M. Phillips & Z. L. Wu

【别名】 无

【生活型】 多年生草本

【分布】 产于陕西、台湾、湖北、湖南、贵州、云南、广东等省区。重庆市金佛山区域有分布。

【生境】 海拔650~1 900m的路旁及崖石阴湿处或灌丛林下。

【饲用价值】 牛、羊喜食，为优良牧草。

【其他用途】 草地植被，保水固土植物。

囊颖草属

囊颖草

【种名】囊颖草

【科名】禾本科

【属名】囊颖草属 *Sacciolepis* Nash

【学名】*Sacciolepis indica*（L.）A. Chase

【别名】滑草、长穗稗

【生活型】一年生草本

【分布】产于华东、华南、西南、中南各省区；印度至日本及大洋洲也有分布。重庆市长寿区有分布。

【生境】多生于湿地或淡水中，常见于稻田边、林下等地。

【饲用价值】秆、叶柔嫩，牛、羊喜食。

【其他用途】草地植被，保水固土植物。

裂稃草属

裂稃草

【种名】 裂稃草

【科名】 禾本科

【属名】 裂稃草属 *Schizachyrium* Nees

【学名】 *Schizachyrium brevifolium*（Swartz）Nees ex Buse

【别名】 白露红、晚碎红、金字草、短叶蜀黍、短叶裂稃草

【生活型】 一年生草本

【分布】 产于我国东北南部、华东、华中、华南、西南及陕西、西藏等地，广布全世界温暖地区。重庆市武陵山脉、大巴山脉各区县有分布。

【生境】 海拔 2 000m 以下阴湿山坡，丘陵、灌丛草地。

【饲用价值】 抽穗开花前，牛、羊喜食。

【其他用途】 草地植被，保水固土植物。

黑麦属

黑 麦

【种名】 黑麦

【科名】 禾本科

【属名】 黑麦属 *Secale* L.

【学名】 *Secale cereale* Linn.

【别名】 无

【生活型】 一、二年生草本

【分布】 我国栽培于北方山区或在较寒冷地区。国外在俄罗斯、德国、匈牙利、美国也有栽培。重庆市作为栽培种引进。

【生境】 海拔 1 500m 以下的山区或平原的田间、居民点附近或田野路旁。喜温喜湿，较耐盐碱，常呈片状或散生于农田中。

【饲用价值】 刈牧兼用型牧草。可与豆科牧草混播。

【其他用途】 小麦等作物的杂交育种材料使用。

草沙蚕属

线形草沙蚕

【种名】线形草沙蚕

【科名】禾本科

【属名】草沙蚕属 *Tripogon* Roem. et Schult.

【学名】*Tripogon filiformis* Nees ex Steudel

【别名】小草沙蚕

【生活型】多年生草本

【分布】产于西藏、陕西、浙江、江西、湖南、四川、贵州、云南、广东等省区，印度也有分布。重庆市武陵山脉、大巴山脉、华蓥山脉各区县有分布。

【生境】海拔 300~3 200m 山坡草地、河谷灌丛中、路边、岩石和墙上。

【饲用价值】叶纤细，草质柔软，为羊、牛、马所喜食，草低矮，宜放牧利用。

【其他用途】草地植被，保水固土植物。

小麦属

普通小麦

【种名】 普通小麦
【科名】 禾本科
【属名】 小麦属 *Triticum* L.
【学名】 *Triticum aestivum* Linn.
【别名】 小麦、冬小麦
【生活型】 一年生或越年生草本
【分布】 我国南北各地广为栽培，品种多，性状均有所不同。在世界各国广泛栽培利用。重庆市各区县均有栽培。
【生境】 旱地作物，适应性广，各种土壤类型均可种植。
【饲用价值】 饲用价值极高，副产品麦麸是良好的精饲料原料；脱粒后的麦草是良好的家畜饲草，适口性较稻草、玉米秸秆好，为草食性畜所喜食。
【其他用途】 主产品麦粒提取淀粉，是人类的主粮之一；籽实、秸秆是食品、酿造、造纸、编织的重要原料。

波斯小麦

【种名】 波斯小麦
【科名】 禾本科
【属名】 小麦属 *Triticum* L.
【学名】 *Triticum turgidum* L. var. *carthlicum*（Nevski）Yan ex P. C. Kuo
【别名】 无
【生活型】 一年生或越年生草本
【分布】 原产于中亚，我国北方地区有少量栽培。重庆市作为栽培种引进。
【生境】 栽培于农田中，但抗旱性、抗热性差，对土壤干旱敏感。
【饲用价值】 幼嫩秆、叶可作饲草，谷粒可作精饲料。
【其他用途】 粮食作物，育种材料。

野生二粒小麦

【种名】野生二粒小麦

【科名】禾本科

【属名】小麦属 *Triticum* Linn.

【学名】*Triticum dicoccoides*（Körnicke） Schweinfurth

【别名】无

【生活型】一二年生草本

【分布】圆锥小麦变种，主要起源于欧亚大陆的地中海区域、中东地区。重庆市地区作栽培种引进。

【生境】生于田间地头及农耕荒地。

【饲用价值】全株可作为牲畜、草鱼的饲料。

【其他用途】主要用于小麦的遗传性状改良。

一粒小麦

【种名】一粒小麦

【科名】禾本科

【属名】小麦属 *Triticum* Linn.

【学名】*Triticum monococcum* Linn.

【别名】无

【生活型】一二年生草本

【分布】主要栽培起源于西欧至小亚细亚一带，现高加索、巴尔干半岛、摩洛哥、西班牙等地有少量栽培。我国引种作科学试验材料。重庆市地区作栽培种引进。

【生境】寒温带地区山地及河谷。

【饲用价值】全株可刈割作为饲草料，适口性好。

【其他用途】主要用于小麦的遗传性状改良。

圆锥小麦

【种名】圆锥小麦

【科名】禾本科

【属名】小麦属 *Triticum* Linn.

【学名】*Triticum turgidum* Linn.

【别名】蓝麦

【生活型】一二年生草本

【分布】18 世纪以前世界上种植较广，主要分布欧洲。20 世纪 50 年代前在我国四川、云南、新疆、陕西、河南、甘肃等省区有零星种植。至 20 世纪 80 年代，云南、西藏、新疆等地还有种植。重庆市作栽培和育种材料引进。

【生境】田间地头及农耕地。

【饲用价值】全株可作饲草料刈割利用，适口性好。

【其他用途】具有耐寒抗旱特性、主要用于小麦的遗传性状改良。

硬粒小麦

【种名】硬粒小麦

【科名】禾本科

【属名】小麦属 *Triticum* Linn.

【学名】*Triticum turgidum* subsp. *durum*（Desfontaines）Husnot

【别名】无

【生活型】一二年生草本

【分布】圆锥小麦变种，产于欧洲和亚洲中部地区；我国广泛栽培。重庆市作栽培种引进。

【生境】生于田间地头及农耕地。

【饲用价值】全株可刈割作为饲草料，籽粒蛋白质含量较一般小麦高。

【其他用途】籽粒主要用于生产高筋面粉。

波兰小麦

【种名】波兰小麦

【科名】禾本科

【属名】小麦属 *Triticum* Linn.

【学名】*Triticum turgidum* subsp. *polonicum*（Linnaeus）Thel-lung

【别名】无

【生活型】一二年生草本

【分布】圆锥小麦变种，产于地中海区域；我国及中东有少量栽培。重庆市地区作栽培种引进。

【生境】生于寒温带地区田间地头及农耕地。

【饲用价值】全株可刈割作为饲草料，适口性较好。

【其他用途】欧洲及中亚地区重要粮食作物。

尾稃草属

尾稃草

【种名】尾稃草
【科名】禾本科
【属名】尾稃草属 *Urochloa* Beauv.
【学名】*Urochloa reptans*（Linn.）Stapfin Prain
【别名】无
【生活型】一年生草本
【分布】广泛分布于全世界热带地区，我国湖南、四川、贵州、台湾、广西、云南等省区有分布。重庆市各区县低海拔区域常见。
【生境】草地及田野地。
【饲用价值】幼嫩时期为牛、羊放牧采食，适口性一般。
【其他用途】未知。

菰属

菰

【种名】菰

【科名】禾本科

【属名】菰属 *Zizania* L.

【学名】*Zizania latifolia*（Griseb.）Stapf

【别名】茭白、高笋

【生活型】多年生高大草本

【分布】产于我国黑龙江、吉林、辽宁、内蒙古、河北、甘肃、陕西、四川、湖北、湖南、江西、福建、广东、台湾等省区。亚洲温带地区、欧洲、日本及俄罗斯有分布。重庆市低海拔区域常见栽培。

【生境】水生或沼生。

【饲用价值】全植株为优良饲草料，适口性好。

【其他用途】其茎基部菌丝感染膨大组织幼嫩时是一种优质的蔬菜。

结缕草属

结缕草

【种名】结缕草

【科名】禾本科

【属名】结缕草属 *Zoysia* Willd.

【学名】*Zoysia japonica* Steudel

【别名】无

【生活型】多年生草本

【分布】产于中国、朝鲜、日本等国海拔 200~400m 地区。我国台湾、江苏、福建等地有分布。重庆市引进栽培。

【生境】山坡、溪岸等。

【饲用价值】全植株为优良饲草料，但通常植株低矮不易采食。

【其他用途】主要用作运动草坪建植。

沟叶结缕草

【种名】沟叶结缕草

【科名】禾本科

【属名】结缕草属 *Zoysia* Willd.

【学名】*Zoysia matrella*（Linn.） Merrill

【别名】无

【生活型】多年生草本

【分布】亚洲和大洋洲热带地区有分布，我国台湾、广东、海南等省区有分布。重庆市地区引种栽培。

【生境】海岸沙地。

【饲用价值】全植株可饲用，但通常植株低矮不易采食。

【其他用途】主要用作运动草坪建植。

中华结缕草

【种名】中华结缕草

【科名】禾本科

【属名】结缕草属 *Zoysia* Willd.

【学名】*Zoysia sinica* Hance

【别名】无

【生活型】多年生草本

【分布】产于我国辽宁、河北、山东、江苏、安徽、浙江、福建、广东、台湾等省区。日本有分布。重庆市地区引种栽培。

【生境】海边沙滩、河岸、路旁草丛。

【饲用价值】全植株可饲用，但通常植株低矮不易采食。

【其他用途】主要用作运动草坪建植。

豆　科 Leguminosae

长柄山蚂蝗属

羽叶长柄山蚂蝗

【种名】 羽叶长柄山蚂蝗

【科名】 豆科

【属名】 长柄山蚂蝗属 *Hylodesmum* H. Ohashi & R. R. Mill

【学名】 *Hylodesmum oldhamii*（Oliv.）Yen C. Yang et P. H. Huang

【别名】 羽叶山蚂蝗、羽叶山绿豆、山芽豆

【生活型】 多年生草本

【分布】 产于我国辽宁、吉林、黑龙江（尚志）、河北、陕西、江苏、浙江、安徽、福建、江西、河南、湖北、湖南、四川、贵州等省区；朝鲜、日本也有分布。重庆市各区县中低海拔区域灌草丛常见。

【生境】 海拔 100~1 650m 的山坡杂木林下、山沟溪流旁林下、灌丛及多石砾地。

【饲用价值】 可刈割利用，亦可放牧自由采食。适口性一般，植物粗蛋白含量较高。

【其他用途】 全草均可入药，具有发表散寒、止血、破瘀消肿、健脾化湿功效。

长柄山蚂蝗

【种名】 长柄山蚂蝗

【科名】 豆科

【属名】 长柄山蚂蝗属 *Hylodesmum* H. Ohashi & R. R. Mill

【学名】 *Hylodesmum podocarpum*（DC.）H. Ohashi & R. R. Mill

【别名】 无

【生活型】 多年生草本

【分布】 产于河北、江苏、浙江、安徽、江西、山东、河南、湖北、湖南、广东、广西、四川、贵州、云南、西藏、陕西、甘肃等省区。重庆市武陵山脉、大巴山脉各区县中低海拔区域灌草丛常见。

【生境】 海拔 120~2 100m 山坡路旁、草坡、次生阔叶林下或高山草甸处。

【饲用价值】 可刈割利用，亦可放牧自由采食。适口性一般，植物粗蛋白含量较高。

【其他用途】 全草均可入药，具有发表散寒、止血、破瘀消肿、健脾化湿功效。

宽卵叶长柄山蚂蝗

【种名】 宽卵叶长柄山蚂蝗

【科名】 豆科

【属名】 长柄山蚂蝗属 *Hylodesmum* H. Ohashi & R. R. Mill

【学名】 *Hylodesmum podocarpum* subsp. Fallax（Schindler） H. Ohashi & R. R. Mill

【别名】 东北山蚂蝗、假山绿豆、宽卵叶山蚂蝗

【生活型】 多年生草本亚灌木

【分布】 产于东北、华北（除山东）至陕西、甘肃以南各省（除西藏）；朝鲜、日本也有分布。重庆市各区县中低海拔区域有分布。

【生境】 海拔 300~1350m，山坡路旁、灌丛中疏林中。

【饲用价值】 可刈割利用，亦可放牧山羊自由采食。适口性好。

【其他用途】 可入药，具有祛风、活血、止痢功效。

尖叶长柄山蚂蝗

【种名】 尖叶长柄山蚂蝗

【科名】 豆科

【属名】 长柄山蚂蝗属 *Hylodesmum* H. Ohashi & R. R. Mill

【学名】 *Hylodesmum podocarpum* subsp. *oxyphyllum*（Candolle） H. Ohashi & R. R. Mill

【别名】 无

【生活型】 直立草本

【分布】 产于我国秦岭、淮河以南各省区，印度、尼泊尔、缅甸、朝鲜和日本也有分布。重庆市武陵山脉、大巴山脉中低海拔区域常见。

【生境】 海拔 400~2 200m，山坡路旁、沟旁、林缘或阔叶林中。

【饲用价值】 全植株可饲用，适口性好，蛋白质含量较高。

【其他用途】 全株供药用，能解表散寒，祛风解毒，治风湿骨痛、咳嗽吐血。

四川长柄山蚂蝗

【种名】 四川长柄山蚂蝗

【科名】 豆科

【属名】 长柄山蚂蝗属 *Hylodesmum* H. Ohashi & R. R. Mill

【学名】 *Hylodesmum podocarpum* subsp. *szechuenense*（Craib） H. Ohashi & R. R. Mill

【别名】 无

【生活型】 直立草本

【分布】 产于我国湖北、湖南、广东北部、四川、贵州、云南、陕西、甘肃等省区。

重庆市大巴山脉，华蓥山脉各区县常见。

【生境】海拔 300~2 000m，山坡路旁、灌林及疏林中。

【饲用价值】全植株可饲用，适口性较好，蛋白质含量较高。

【其他用途】根皮及全株供药用，能清热解毒，可治疟疾等症。

山蚂蝗属

山蚂蝗

【种名】 山蚂蝗

【科名】 豆科

【属名】 山蚂蝗属 *Desmodium* Desv.

【学名】 *Desmodium racemosum* Thunb

【别名】 藤甘草、逢人打、扁草子

【生活型】 多年生草本亚灌木

【分布】 安徽、浙江、江西、福建、广东、广西、四川、贵州、云南等省区有分布。重庆市武陵山脉各区县中低海拔区域有分布。

【生境】 山谷、沟边、林中或林缘。

【饲用价值】 可刈割利用，亦可放牧山羊自由采食。适口性好，植物粗蛋白含量较高。

【其他用途】 可入药，具有祛风活络、解毒消肿功效。

圆锥山蚂蝗

【种名】 圆锥山蚂蝗

【科名】 豆科

【属名】 山蚂蝗属 *Desmodium* Desv.

【学名】 *Desmodium elegans* DC.

【别名】 无

【生活型】 多年生草本

【分布】 产于陕西西南部、甘肃、四川、贵州西北部、云南西北部和西藏等地。重庆市大巴山脉、城口，巫溪等区县中高海拔区域有分布。

【生境】 海拔 1 000~3 700m，松、栎林缘，林下，山坡路旁或水沟边。

【饲用价值】 可刈割利用，亦可放牧山羊自由采食。适口性好。

【其他用途】 根可入药，具有祛风湿、止咳、消炎功效。

小叶三点金

【种名】小叶三点金

【科名】豆科

【属名】山蚂蝗属 *Desmodium* Desv.

【学名】*Desmodium microphyllum*（Thunb.）DC.

【别名】无

【生活型】多年生草本

【分布】产于长江以南各省区，西至云南、西藏，东至台湾等地；印度、斯里兰卡、尼泊尔、缅甸、泰国、越南、马来西亚、日本和澳大利亚也有分布。重庆市各区县中低海拔区域有分布。

【生境】海拔150~2 500m，荒地草丛中或灌木林中。

【饲用价值】叶量丰富，可供放牧山羊自由采食，亦可刈割饲喂。

【其他用途】根供药用，有清热解毒、止咳、祛痰功效。

饿蚂蝗

【种名】饿蚂蝗

【科名】豆科

【属名】山蚂蝗属 *Desmodium* Desv.

【学名】*Desmodium multiflorum* DC.

【别名】细风带、山角豆、红掌草、山豆根等

【生活型】灌木

【分布】产于浙江、江西、福建、台湾、湖南、广东、广西、四川、贵州、云南、西藏等地。重庆市武陵山脉和华蓥山脉各区县中低海拔区域有分布。

【生境】海拔600~2 300m的山坡草地或林缘。

【饲用价值】茎叶柔嫩，放牧山羊自由采食。山羊喜食。

【其他用途】药用，有活血止痛、解毒消肿、清热解毒、消食、止痛功效。

大叶拿身草

【种名】大叶拿身草

【科名】豆科

【属名】山蚂蝗属 *Desmodium* Desv.

【学名】*Desmodium laxiflorum* Candolle.

【别名】疏花山蚂蝗

【生活型】直立或平卧灌木及亚灌木

【分布】产于我国江西、湖北、湖南、广东、广西、四川、贵州、云南、台湾等省

区。印度、缅甸、泰国、越南、马来西亚、菲律宾等国也有分布。重庆市武陵山脉，武隆、彭水、黔江、秀山等地灌丛中常见。

【生境】海拔 300~2 000m，次生林林缘、灌丛或草坡上。

【饲用价值】全植株可饲用，叶量丰富，适口性较好，粗蛋白含量较高。

【其他用途】全株可药用，常用于跌打损伤、高血压、肝炎等中药配方治疗。

长波叶山蚂蝗

【种名】长波叶山蚂蝗

【科名】豆科

【属名】山蚂蝗属 *Desmodium* Desv.

【学名】*Desmodium sequax* Wall.

【别名】波叶山蚂蝗

【生活型】直立灌木

【分布】产于湖北、湖南、广东西北部、广西、四川、贵州、云南、西藏、台湾等省区；印度、尼泊尔、缅甸等南亚国家也有分布。重庆市江津四面山、南川金佛山灌丛常见。

【生境】海拔 1 000~2 000m，山地草坡或林缘。

【饲用价值】全植株可饲用，茎叶柔嫩，适口性较好，粗蛋白含量较高。

【其他用途】全株可药用，常用于肺痨咳嗽、盗汗、痰喘、蛔虫病等治疗。

胡枝子属

胡枝子

【种名】胡枝子

【科名】豆科

【属名】胡枝子属 *Lespedeza* Michx.

【学名】*Lespedeza bicolor* Turcz.

【别名】胡枝条、扫皮、随军茶

【生活型】直立灌木

【分布】产于黑龙江、吉林、辽宁、河北、内蒙古、山西、陕西、甘肃、山东、江苏、安徽、浙江、福建、台湾、河南、湖南、广东、广西等省区；朝鲜、日本、俄罗斯（西伯利亚地区）。重庆市大巴山脉各区县山边路缘常见。

【生境】海拔 150~1 000m 的山坡、林缘、路旁、灌丛及杂木林间。

【饲用价值】优质青绿饲料，叶量丰富且柔嫩，可刈割利用，亦可放牧山羊自由采食。草食牲畜及家禽喜食。

【其他用途】药用，能降低血胆甾醇、血氮水平的物质。

绿叶胡枝子

【种名】绿叶胡枝子

【科名】豆科

【属名】胡枝子属 *Lespedeza* Michx.

【学名】*Lespedeza buergeri* Miq.

【别名】山姑豆

【生活型】直立灌木

【分布】产于我国河南、江苏、浙江、安徽、江西、福建、台湾、贵州、湖北、四川、山西、甘肃等省区。重庆市大巴山脉各区县中低海拔区有分布。

【生境】生长于海拔 1 500m 以下山坡丛林或路旁杂草中 。

【饲用价值】优质青绿饲料，可刈割利用，亦可放牧山羊自由采食。草食牲畜及鸡鸭等家禽喜食。

【其他用途】药用。

短梗胡枝子

【种名】短梗胡枝子

【科名】豆科

【属名】胡枝子属 *Lespedeza* Michx.

【学名】*Lespedeza cyrtobotrya* Miq.

【别名】无

【生活型】直立灌木

【分布】产于我国黑龙江省、吉林省及华北、西北、华东、华中及华南；朝鲜、日本、俄罗斯也有分布。重庆市武陵山脉和大巴山脉各区县有分布。

【生境】海拔 1 500m 以下，山坡灌丛间或杂木林下。

【饲用价值】优质青绿饲料，可刈割利用，亦可放牧山羊自由采食。

【其他用途】枝条可用于编织。

大叶胡枝子

【种名】大叶胡枝子

【科名】豆科

【属名】胡枝子属 *Lespedeza* Michx.

【学名】*Lespedeza davidii* Franch.

【别名】大叶乌梢、大叶马料梢、活血丹

【生活型】直立灌木

【分布】产于我国江苏、安徽、浙江、江西、福建、河南、湖南、广东、广西、四川、贵州等省区。重庆市武陵山脉、大巴山脉各区县中低海拔山区常见。

【生境】海拔 800m 的干旱山坡、路旁或灌丛中。

【饲用价值】优质青绿饲料，叶量丰富，幼枝柔嫩，可刈割利用，亦可放牧山羊自由采食。草食牲畜喜食。

【其他用途】水土保持；药用，宣开毛窍，通经活络。

铁马鞭

【种名】铁马鞭

【科名】豆科

【属名】胡枝子属 *Lespedeza* Michx.

【学名】*Lespedeza pilosa*（Thunb.）Siebold & Zucc.

【别名】无

【生活型】多年生草本

【分布】产于我国陕西、甘肃、江苏、安徽、浙江、江西、福建、湖北、湖南、广东、四川、贵州、西藏等省区；朝鲜、日本也有分布。重庆市各区县山坡灌丛常见。

【生境】生于海拔 1 000m 以下的荒山坡及草地。

【饲用价值】可作青绿饲料，刈割利用或放牧山羊自由采食。

【其他用途】药用，活血止痛、消肿利尿等功效。

绒毛胡枝子

【种名】绒毛胡枝子

【科名】豆科

【属名】胡枝子属 *Lespedeza* Michx.

【学名】*Lespedeza tomentosa*（Thunb.）Sieb.

【别名】山豆花

【生活型】灌木

【分布】我国除新疆及西藏外全国各地普遍生长。重庆市各区县山坡灌丛有分布。

【生境】海拔 1 000m 以下的干山坡草地及灌丛间。

【饲用价值】可作青绿饲料，刈割利用或放牧山羊自由采食。

【其他用途】水土保持。

美丽胡枝子

【种名】美丽胡枝子

【科名】豆科

【属名】胡枝子属 *Lespedeza* Michx.

【别名】毛胡枝子

【学名】*Lespedeza thunbergii* subsp. *formosa*（Vogel）H. Ohashi"

【生活型】直立灌木

【分布】产于我国河北、陕西、甘肃、山东、江苏、安徽、浙江、江西、福建、河南、湖北、湖南、广东、广西、四川、云南等省区；朝鲜、日本、印度也有分布。重庆市大巴山脉巫山、巫溪、城口、奉节等中低海拔区域常见。

【生境】海拔 2 800m 以下山坡、路旁及林缘灌丛中。

【饲用价值】优质青绿饲料，刈割利用或放牧家畜自由采食。

【其他用途】药用，可治疗小便不利。

截叶铁扫帚

【种名】截叶铁扫帚

【科名】豆科

【属名】胡枝子属 *Lespedeza* Michx.

【学名】*Lespedeza cuneata*（Dum. -Cours.）G. Don

【别名】夜关门（中药名）、千里光、半天雷、绢毛胡枝子、小叶胡枝子

【生活型】小灌木

【分布】产于中国陕西、甘肃、山东、台湾、河南、湖北、湖南、广东、四川、云南、西藏等省区。朝鲜、日本、印度、巴基斯坦、阿富汗及澳大利亚也有分布。重庆市各区县山坡灌丛及路边常见。

【生境】海拔 2 500m 以下，山坡或路旁空旷草地及河谷灌丛中。

【饲用价值】青绿饲料，刈割利用或放牧家畜自由采食。适口性好，植物粗蛋白含量较高。

【其他用途】药用，消食除积、清热利湿、祛痰止咳。

中华胡枝子

【种名】中华胡枝子

【科名】豆科

【属名】胡枝子属 *Lespedeza* Michx.

【学名】*Lespedeza chinensis* G. Don

【别名】华胡枝子

【生活型】小灌木

【分布】产于我国江苏、安徽、浙江、江西、福建、台湾、湖北、湖南、广东、四川等省区。重庆市各区县中海拔区域有分布。

【生境】海拔 2 500m 以下的灌木丛中、林缘、路旁、山坡、林下草丛等处。

【饲用价值】青绿饲料，茎叶柔嫩，刈割利用或放牧家畜自由采食。

【其他用途】药用，清热止痢、祛风止痛、截疟。

多花胡枝子

【种名】多花胡枝子

【科名】豆科

【属名】胡枝子属 *Lespedeza* Michx.

【别名】铁鞭草、米汤草、石告杯

【学名】*Lespedeza floribunda* Bunge

【生活型】小灌木

【分布】产于我国辽宁（西部及南部）、河北、山西、陕西、宁夏、甘肃、青海、山东、江苏、安徽、江西、福建、河南、湖北、广东、四川等省区。重庆市巫山、巫溪、城口中低海拔砂石坡地常见。

【生境】海拔 1 300m 以下的石质山坡。

【饲用价值】优质青绿饲料，刈割利用或放牧家畜自由采食。粗蛋白和粗纤维含量高。

【其他用途】药用，根治脾胃虚弱、小儿疳积，全草，涩，凉。

细梗胡枝子

【种名】 细梗胡枝子

【科名】 豆科

【属名】 胡枝子属 *Lespedeza* Michx.

【学名】 *Lespedeza virgata* (Thunb.) DC.

【别名】 瓜子鸟梢、斑鸟花、掐不齐

【生活型】 小灌木

【分布】 产于我国辽宁南部经华北、陕、甘至长江流域各省均有；朝鲜、日本也有分布。重庆市长江沿岸各区县及巫溪、城口等有分布。

【生境】 生于海拔800m以下的石山山坡。

【饲用价值】 草食牲畜青绿饲料，可刈割或放牧家畜自由采食。

【其他用途】 药用，用于中暑、小便不利、疟疾、感冒、高血压。

草木樨属

黄花草木樨

【种名】黄花草木樨

【科名】豆科

【属名】草木樨属 *Melilotus*（L.）Mill.

【学名】*Melilotus officinalis*（L.）Lam.

【别名】草木樨

【生活型】一二年生草本

【分布】产于我国东北、华南、西南各地。其余各省常见栽培。欧洲地中海东岸、中东、中亚、东亚均有分布。重庆市各区县山坡路旁常见。

【生境】生于山坡、河岸、路旁、沙质草地及林缘。

【饲用价值】优质草食牲畜高蛋白青绿饲料，可刈割或放牧家畜自由采食。

【其他用途】水土保持优良草种；绿肥及蜜源植物；药用。

白花草木樨

【种名】白花草木樨

【科名】豆科

【属名】草木樨属 *Melilotus*（L.）Mill.

【别名】白香草木樨、白甜车轴草

【学名】*Melilotus albus* Medic. ex Desr.

【生活型】一二年生草本

【分布】产于东北、华北、西北及西南各地。欧洲地中海沿岸、中东、西南亚、中亚及西伯利亚均有分布。重庆市各区县有分布。

【生境】生于田边、路旁荒地及湿润的砂地。

【饲用价值】优良的饲草料，营养价值高，适口性好，各种家畜均喜食。

【其他用途】绿肥和蜜源植物。

大豆属

野大豆

【种名】野大豆

【科名】豆科

【属名】大豆属 *Glycine* Willd.

【学名】*Glycine soja* Siebold & Zucc.

【别名】小落豆、小落豆秧、落豆秧、山黄豆、乌豆、野黄豆

【生活型】一年生缠绕草本

【分布】除新疆、青海和海南外，遍布全国。重庆市大巴山脉、武陵山脉各区县常见。

【生境】海拔 150~2 650m 潮湿的田边、园边、沟旁、河岸、湖边、沼泽、草甸、沿海和岛屿向阳的矮灌木丛或芦苇丛中，稀见于沿河岸。

【饲用价值】全株为优良的饲草料，营养价值高，适口性好，家畜均喜食。

【其他用途】水土保持和绿肥植物。

大　豆

【种名】大豆

【科名】豆科

【属名】大豆属 *Glycine* Willd.

【学名】*Glycine max*（Linn.） Merrill

【别名】野大豆

【生活型】一年生草本

【分布】原产于我国。全国各地均有栽培，广泛栽培于世界各地。起源于四川、重庆市一带，由野生大豆驯化而来。重庆市大巴山脉、武陵山脉、四面山、金佛山等地及其周围区县山野林中有野生种分布，各区县均有栽培。

【生境】山地草坡或林缘。

【饲用价值】全植株可饲用，适口性好，蛋白质含量高；籽粒多用于养殖家畜、鱼类等精料。

【其他用途】主要粮食作物。

两型豆属

锈毛两型豆

【种名】 锈毛两型豆

【科名】 豆科

【属名】 两型豆属 *Amphicarpaea* Elliott ex Nutt.

【学名】 *Amphicarpaea ferruginea* Bentham

【别名】 变红两型豆

【生活型】 多年生草质藤本

【分布】 产于我国云南、四川、重庆市。重庆市武陵山脉、大巴山脉巫山、巫溪、奉节、城口、武隆、彭水、秀山、酉阳等地中高海拔区域常见。

【生境】 海拔 2 300~3 000m 的山坡林下。

【饲用价值】 全株为优良的饲草料，营养价值高，草食牲畜喜食。

【其他用途】 暂无。

两型豆

【种名】 两型豆

【科名】 豆科

【属名】 两型豆属 *Amphicarpaea* Elliott ex Nutt.

【学名】 *Amphicarpaea edgeworthii* Benth.

【别名】 阴阳豆、山巴豆、野毛扁豆

【生活型】 一年生草本

【分布】 产于东北、华北至陕西、甘肃及江南各省。重庆市大巴山脉巫山、巫溪、城口区域常见。

【生境】 常生于海拔 300~1 800m 的山坡路旁及旷野草地上。

【饲用价值】 全株为优良的饲草料，营养价值高，草食牲畜喜食。

【其他用途】 种子含异黄酮类化合物，具抗炎、抗氧化、抗肿瘤、抗菌等作用。

三籽两型豆

【种名】三籽两型豆
【科名】豆科
【属名】两型豆属 *Amphicarpaea* Elliott ex Nutt.
【学名】*Amphicarpaea trisperma* Baker
【别名】野毛扁豆（云南）
【生活型】一年生缠绕草本
【分布】产于东北、华北至陕西、甘肃及江南各省。
【生境】常生于海拔 300~1 800m 的山坡路旁及旷野草地上。
【饲用价值】全株为优良的饲草料，营养价值高，可烘干使用。
【其他用途】种子含异黄酮类化合物，具抗炎、抗氧化、抗肿瘤、抗菌等作用。

鸡眼草属

鸡眼草

【种名】鸡眼草

【科名】豆科

【属名】鸡眼草属 *Kummerowia* Schindl.

【学名】*Kummerowia striata*（Thunb.）Schindl.

【别名】牛黄黄、公母草

【生活型】一年生草本

【分布】产于我国东北、华北、华东、中南、西南等省区。重庆市各区县生于荒路旁，沙质草地常见。

【生境】海拔500m以下，路旁、田边、溪旁、沙质地或缓山坡草地。

【饲用价值】全株为优良的饲草料，营养价值高，可刈割亦可自由放牧。

【其他用途】绿肥植物；药用，具有清热解毒，针对感冒发热都有非常不错的效果。

长萼鸡眼草

【种名】长萼鸡眼草

【科名】豆科

【属名】鸡眼草属 *Kummerowia* Schindl.

【学名】*Kummerowia stipulacea*（Maxim.）Makino

【别名】短萼鸡眼草、掐不齐、圆叶鸡眼草、野首蓿草

【生活型】一年生草本

【分布】产于我国东北、华北、华东（包括台湾）、中南、西北等省区。重庆市大巴山脉各区县中低海拔区域常见。

【生境】海拔100~1 200m，路旁、草地、山坡、固定或半固定沙丘等处。

【饲用价值】全株为优良的饲草料，营养价值高，可刈割利用亦可放牧自由采食。

【其他用途】绿肥植物；全草药用，能清热解毒、健脾利湿。

木蓝属

马　棘

【种名】马棘

【科名】豆科

【属名】木蓝属 *Indigofera* L.

【学名】*Indigofera pseudotinctoria* Matsum.

【别名】野蓝枝子、肥羊草

【生活型】草本或灌木

【分布】产于江苏、安徽、浙江、江西、福建、湖北、湖南、广西、四川、贵州、云南等省区。重庆市巫山、巫溪、城口、奉节、南川、武隆中低海拔常见。

【生境】海拔100~1 300m，山坡林缘及灌木丛中。

【饲用价值】全株为优良的饲草料，植物粗蛋白质和粗纤维含量高，幼嫩时可成片刈割利用。

【其他用途】边坡绿化；药用，具清热解毒、消肿散结等功效。

多花木蓝

【种名】多花木蓝

【科名】豆科

【属名】木蓝属 *Indigofera* L.

【学名】*Indigofera amblyantha* Craib

【别名】马黄消

【生活型】直立灌木

【分布】产于山西、陕西、甘肃、河南、河北、安徽、江苏、浙江、湖南、湖北、贵州、四川等省区。重庆市大巴山脉、武陵山脉中低海拔区域常见。

【生境】海拔600~1600m，山坡草地、沟边、路旁灌丛中及林缘。

【饲用价值】全株为优良的饲草料，植物粗蛋白和粗纤维含量高，幼嫩时可成片刈割利用，亦可放牧自由采食。

【其他用途】护坡治理及固土，草食家畜的优质饲草和生物围栏；蜜源植物。

四川木蓝

【种名】四川木蓝

【科名】豆科

【属名】木蓝属 *Indigofera* L.

【学名】*Indigofera szechuensis* Craib

【别名】山皮条、金雀花

【生活型】灌木

【分布】产于四川（马尔康、大金、小金、稻城、茂县）、云南（德钦、中甸、会泽）及西藏。分布于四川、云南、西藏。

【生境】海拔 2 500~3 500m 山坡、路旁、沟边及灌丛中。

【饲用价值】全株为优良的饲草料，植物粗蛋白质和粗纤维含量高，放牧自由采食。

【其他用途】根药用，主治胃痛、腹冷痛、胸膈气胀；可用作生物围栏。

木　蓝

【种名】木蓝

【科名】豆科

【属名】木蓝属 *Indigofera* Linn.

【学名】*Indigofera tinctoria* Linn.

【别名】蓝靛、靛

【生活型】直立亚灌木

【分布】广泛分布于亚洲、非洲热带地区，并引进热带美洲。我国主要分布于安徽（舒城）、台湾（高雄），海南有栽培。重庆市主要分布于三峡库区巫山、奉节、云阳、石柱、武隆等地。

【生境】生于山坡草丛中。

【饲用价值】嫩枝及叶山羊喜食，可作家畜的青绿饲料。

【其他用途】叶片提取的蓝靛可作染料，亦可入药；根、茎有药用价值。

河北木蓝

【种名】河北木蓝

【科名】豆科

【属名】木蓝属 *Indigofera* Linn.

【学名】*Indigofera bungeana* Walp.

【别名】野蓝枝子、狼牙草、本氏木蓝、陕甘木蓝

【生活型】直立灌木

【分布】产于我国辽宁、内蒙古、河北、山西、湖北、陕西。日本也有分布。重庆市

主要分布于三峡库区及武陵山区巫山县、巫溪县、城口县、南川区、武隆区等山坡灌丛及道路两旁常见。

【生境】海拔600~1 000m的山坡、草地或河滩地。

【饲用价值】嫩枝及叶山羊喜食，可作家畜的青绿饲料。

【其他用途】有药用价值、边坡绿化。

苏木蓝

【种名】苏木蓝

【科名】豆科

【属名】木蓝属 *Indigofera* Linn.

【学名】*Indigofera carlesii* Craib.

【别名】山豆根

【生活型】落叶灌木

【分布】产于我国陕西、江苏、安徽、江西、河南、湖北等省区。重庆市大巴山脉城口、巫山、奉节、巫溪、云阳等区县乡野路旁常见。

【生境】海拔500~1 000m，山坡路旁及丘陵灌丛。

【饲用价值】全株可饲用，适口性好，植物粗蛋白质含量高。

【其他用途】可用于边坡绿化、根供药用，有清热补虚的效果。

单叶木蓝

【种名】单叶木蓝

【科名】豆科

【属名】木蓝属 *Indigofera* Linn.

【学名】*Indigofera linifolia*（Linn. f.） Retzius

【别名】细叶木蓝

【生活型】多年生草本植物

【分布】产于我国台湾、四川、重庆、云南等省区市。澳大利亚、越南、缅甸等国家也有分布。重庆市长江、乌江水系沿岸常见。

【生境】海拔1 200m以下沟边沙岸、田埂、路旁及草坡。

【饲用价值】全株可饲用，适口性好，草食牲畜喜食。

【其他用途】暂无

黑叶木蓝

【种名】黑叶木蓝

【科名】豆科

【属名】木蓝属 *Indigofera* Linn.

【学名】*Indigofera nigrescens* Kurz ex King & Prain, J. Asiat. Soc. Bengal

【别名】无

【生活型】落叶小灌木

【分布】产于我国陕西及长江以南各省市。南亚各国亦有分布。重庆市长江沿岸、武陵山脉、大巴山脉地区常见。

【生境】海拔 500~2 500m，丘陵山地、山坡灌丛、山谷疏林及向阳草坡、田野、河滩等处。

【饲用价值】全株可饲用，适口性好，草食牲畜喜食，宜放牧、亦可割草饲喂。

【其他用途】暂无

刺序木蓝

【种名】刺序木蓝

【科名】豆科

【属名】木蓝属 *Indigofera* Linn.

【学名】*Indigofera silvestrii* Pampanini

【别名】无

【生活型】多枝灌木

【分布】产于我国湖北、四川、贵州、西藏。重庆市长江、乌江水系沿岸干热河谷地区向阳山坡常见。

【生境】海拔 100~2 700m，干燥的山坡、向阳的岩石缝及河边。

【饲用价值】全株可饲用，适口性好，放牧山羊喜食，植物粗蛋白含量高。

【其他用途】暂无

车轴草属

红车轴草

【种名】 红车轴草

【科名】 豆科

【属名】 车轴草属 *Trifolium* Linn.

【学名】 *Trifolium pratense* Linn.

【别名】 红三叶、红荷兰翘摇

【生活型】 短期多年生草本

【分布】 原产欧洲中部，引种到世界各国。我国南北各省区均有种植。重庆市主要分布于三峡库区的高海拔地区，逸为野生，渝东南中高海拔区域也有零散分布。

【生境】 生于林缘、路边、草地等湿润处。

【饲用价值】 草质柔嫩多汁，适口性好，家畜喜食，可作家畜的青绿饲料，也可青贮、放牧、调制青干草、加工草粉和各种草产品。

【其他用途】 药用。

白车轴草

【种名】 白车轴草

【科名】 豆科

【属名】 车轴草属 *Trifolium* Linn.

【学名】 *Trifolium repens* Linn.

【别名】 白三叶、荷兰翘摇

【生活型】 多年生草本

【分布】 原产于欧洲和北非，并广泛分布于亚洲、非洲、大洋洲、美洲。我国亚热带及暖温带地区分布较广泛，西南、东南、东北等地均有野生种分布。重庆市各区县逸野种常见。

【生境】 生于湿润草地、河岸、路边。

【饲用价值】 草质柔嫩多汁，适口性好，家畜喜食，可作家畜的青绿饲料，也可青贮、放牧、加工草粉。

【其他用途】 有观赏价值；有药用价值，清热凉血、安神镇痛、祛痰止咳。

豇豆属

野豇豆

【种名】野豇豆

【科名】豆科

【属名】豇豆属 *Vigna* Savi

【学名】*Vigna vexillata*（Linn.） Rich.

【别名】野豇豆、山土瓜、云南山土瓜、山马豆根、云南野豇豆

【生活型】多年生草本

【分布】全球热带、亚热带地区广布。我国分布于华东、华南至西南各省区。重庆市武陵山脉和大巴山脉各区县山地偶见。

【生境】生于旷野、灌丛或疏林中。

【饲用价值】叶片适口性好，家畜喜食，可作家畜的青绿饲料。

【其他用途】有药用价值，清热解毒、消肿止痛、利咽喉。

贼小豆

【种名】贼小豆

【科名】豆科

【属名】豇豆属 *Vigna* Savi

【学名】*Vigna minima*（Roxb.） Ohwi et Ohashi

【别名】狭叶菜豆

【生活型】一年生缠绕草本

【分布】日本、菲律宾有分布。我国北部、东南部至南部均有分布。重庆市各区县均有分布。

【生境】生于旷野、草丛或灌丛中。

【饲用价值】适口性好，家畜喜食，可作家畜的青绿饲料。

【其他用途】可作观赏植物。

赤　豆

【种名】 赤豆

【科名】 豆科

【属名】 豇豆属 *Vigna* Savi

【学名】 *Vigna angularis*（Willdenow）Ohwi & H. Ohashi

【别名】 小豆、红豆、红赤小豆

【生活型】 一年生直立或缠绕草本

【分布】 我国大部分省区市均有栽培，美洲及非洲的刚果、乌干达亦有引种。重庆市大部分区县均有栽培。

【生境】 农耕田地。

【饲用价值】 叶片及藤蔓可饲用，适口性较好，生豆荚微毒。

【其他用途】 种子为重要小杂粮。

绿　豆

【种名】 绿豆

【科名】 豆科

【属名】 豇豆属 *Vigna* Savi

【学名】 *Vigna radiata*（Linn.）R. Wilczek

【别名】 青小豆、植豆

【生活型】 一年生直立草本

【分布】 我国大部分省市均有栽培。世界各热带、亚热带地区广泛栽培。重庆市大部分区县均有栽培。

【生境】 农耕田土地。

【饲用价值】 叶片及藤蔓可饲用，适口性较好，生豆荚微毒。

【其他用途】 种子为重要小杂粮、可制作豆芽等，全株是很好的夏季绿肥。

赤小豆

【种名】 赤小豆

【科名】 豆科

【属名】 豇豆属 *Vigna* Savi

【学名】 *Vigna umbellata*（Thunb.）Ohwi & Ohashi

【别名】 红小豆、朱豆

【生活型】 一年生半缠绕草本

【分布】 我国南方各省区市有栽培或逸野。原产于亚洲热带地区，朝鲜、日本、菲律宾及其他东南亚国家亦有栽培。重庆市大部分区县中低海拔区域有栽培。

【生境】农耕田土地。
【饲用价值】叶片及藤蔓可饲用，适口性较好，生豆荚微毒。
【其他用途】种子为重要小杂粮、可入药。

豇　豆

【种名】豇豆
【科名】豆科
【属名】豇豆属 *Vigna* Savi
【学名】*Vigna unguiculata*（Linn.）Walpers
【别名】饭豆
【生活型】一年生缠绕、草质藤本或近直立草本
【分布】起源于热带非洲，中国广泛栽培。重庆市大部分区县均有栽培。
【生境】坡耕地、田边。
【饲用价值】叶片及藤蔓可饲用，适口性较好。
【其他用途】嫩荚作蔬菜食用。

短豇豆

【种名】短豇豆
【科名】豆科
【属名】豇豆属 *Vigna* Savi
【学名】*Vigna unguiculata* subsp. *cylindrica*（L.）Verdc.
【别名】眉豆
【生活型】一年生直立草本
【分布】栽培品种，我国各省都有栽培。日本、朝鲜、美国亦有栽培。重庆市大部分区县均有栽培。
【生境】坡耕地、田边。
【饲用价值】叶片及藤蔓可饲用，适口性较好。
【其他用途】种子可食用，煮汤、熬粥等。

长豇豆

【种名】长豇豆
【科名】豆科
【属名】豇豆属 *Vigna* Savi
【学名】*Vigna unguiculata* subsp. *sesquipedalis*（Linn.）Verdcourtin P. H. Davis
【别名】豆角
【生活型】一年生攀缘植物

【分布】我国各地常见栽培。非洲及亚洲的热带及温带地区均有栽培。重庆市大部分区县均有栽培。

【生境】坡耕地、田边道埂。

【饲用价值】叶片及藤蔓可饲用，适口性较好。

【其他用途】嫩荚可作蔬菜，重庆市地区常用嫩荚制作泡菜。

鹿藿属

鹿　藿

【种名】 鹿藿

【科名】 豆科

【属名】 鹿藿属 *Rhynchosia* Lour.

【学名】 *Rhynchosia volubilis* Lour.

【别名】 藘、鹿豆、箮豆、野绿豆、野黄豆、老鼠眼、老鼠豆、野毛豆、门瘦、酒壶藤、乌眼睛豆、大叶野绿豆、鬼豆根、藤黄豆、乌睛珠、光眼铃铃藤、山黑豆、鬼眼睛、一条根。

【生活型】 多年生草本

【分布】 日本、朝鲜、越南有分布。我国江南各省均有分布。重庆市三峡库区，武陵山区等地有分布。

【生境】 常生于海拔 200~1 000m 的山坡路旁草丛中。

【饲用价值】 适口性好，家畜喜食，可作家畜的青绿饲料。

【其他用途】 豆荚可观赏；根有药用价值，凉血、解毒。

紫脉花鹿藿

【种名】 紫脉花鹿藿

【科名】 豆科

【属名】 鹿藿属 *Rhynchosia* Lour.

【学名】 *Rhynchosia himalensis* Benth.

【生活型】 灌木

【分布】 我国分布于四川（小金及西昌）、云南、西藏（察隅）。重庆市各区县高海拔地区偶见。

【生境】 生长于山坡灌丛中、林下、山沟或田地边。

【饲用价值】 茎叶柔嫩，适口性好，可作家畜的青绿饲料。

菱叶鹿藿

【种名】 菱叶鹿藿

【科名】 豆科

【属名】 鹿藿属 *Rhynchosia* Lour.

【学名】 *Rhynchosia dielsii* Harms

【别名】 野黄豆、山黄豆藤

【生活型】 缠绕草本

【分布】 产于我国四川、贵州、陕西、河南、湖北、湖南、广东、广西等省区。重庆市大巴山脉、武陵山脉各区县中高海拔区域偶见。

【生境】 海拔 600~2 100m，山坡、路旁灌丛中。

【饲用价值】 全株可饲用，适口性较好。可放牧自由采食，亦可刈割利用。

【其他用途】 茎叶或根可供药用，祛风解热。

喜马拉雅鹿藿

【种名】 喜马拉雅鹿藿

【科名】 豆科

【属名】 鹿藿属 *Rhynchosia* Lour.

【学名】 *Rhynchosia himalensis* Bentham ex Baker

【别名】 无

【生活型】 攀缘草本

【分布】 产于我国西藏东部、四川。印度、尼泊尔亦有分布。重庆市武陵山脉高海拔区域有少量分布。

【生境】 海拔 800~2 100m 的山坡、路旁灌丛中。

【饲用价值】 全株可饲用，适口性较好。可放牧自由采食，亦可刈割利用。

【其他用途】 暂无。

小鹿藿

【种名】 小鹿藿

【科名】 豆科

【属名】 鹿藿属 *Rhynchosia* Lour.

【学名】 *Rhynchosia minima* （Linn.） Candolle

【别名】 小花鹿藿

【生活型】 攀缘草本

【分布】 产于我国云南、四川、台湾等省区。印度、缅甸、越南、马来西亚及东非热带地区亦有分布。重庆市长江沿岸干热河谷区域常见。

【生境】海拔600~2 000m，山坡、路旁灌丛中。

【饲用价值】全株可饲用，适口性较好。可放牧自由采食，亦可刈割利用。

【其他用途】暂无。

合欢属

合　欢

【种名】合欢

【科名】豆科

【属名】合欢属 *Albizia* Durazz.

【学名】*Albizia julibrissin* Durazz.

【别名】马缨花、绒花树、合昏、夜合、乌绒

【生活型】落叶乔木

【分布】原产于美洲南部，非洲、中亚至东亚均有分布。我国分布于东北至华南及西南部各省区。重庆市各区县常见。

【生境】生于山坡、丛林中。

【饲用价值】嫩枝及叶片适口性好，家畜喜食，可作家畜的青绿饲料。

【其他用途】可作观赏植物；嫩叶可食；树皮有药用价值，有宁神作用。

山合欢

【种名】山合欢

【科名】豆科

【属名】合欢属 *Albizia* Durazz.

【学名】*Albizia kalkora*（Roxb.） Prain

【别名】山槐、山合欢、白夜合、马缨花

【生活型】落叶小乔木或灌木

【分布】越南、缅甸、印度亦有分布。我国分布于华北、西北、华东、华南至西南部各省区。重庆市各区县常见。

【生境】生于山坡灌丛、疏林中。

【饲用价值】适口性好，可作家畜的青绿饲料。

【其他用途】可作观赏植物；有药用价值，安神疏郁、理气活络。

楹　树

【种名】楹树

【科名】豆科

【属名】合欢属 *Albizia* Durazz.

【学名】*Albizia chinensis*（Osbeck） Merrill

【别名】仁仁树

【生活型】常绿乔木

【分布】产于我国福建、湖南、广东、广西、云南、西藏等省区。重庆市渝东南武陵山各区县有分布。

【生境】多生于林中，亦见于旷野、谷地、河溪边等地方。

【饲用价值】幼嫩枝叶可作饲料，适口性较好。

【其他用途】可用作园林绿化。

紫穗槐属

紫穗槐

【种名】紫穗槐

【科名】豆科

【属名】紫穗槐属 *Amorpha* Linn.

【学名】*Amorpha fruticosa* Linn.

【别名】椒条、棉条、棉槐、紫槐、槐树

【生活型】落叶灌木

【分布】原产于美国东北部和东南部。我国东北、华北、西北及山东、安徽、江苏、河南、湖北、广西、四川等省区均有栽培。重庆市各区县主要用于庭院观赏植物栽培。

【生境】年降水量 200ml 左右的地区。

【饲用价值】适口性好，可作家畜的青绿饲料。

【其他用途】有药用价值；可作园林绿化；编筐材料；水土保持用。

羊蹄甲属

薄叶羊蹄甲

【种名】薄叶羊蹄甲

【科名】豆科

【属名】羊蹄甲属 *Bauhinia* Linn.

【学名】*Bauhinia glauca* subsp. *Tenuiflora*（Watt ex C. B. Clarke）K. Larsen& S. S. Larsen

【生活型】小灌木

【分布】我国产于云南省和广西省等地。缅甸、泰国、老挝有分布。重庆市各区县有分布。

【生境】生长于山麓和沟谷的密林或灌丛中。

【饲用价值】叶片及嫩枝家畜喜食，可作家畜的青绿饲料。

鞍叶羊蹄甲

【种名】鞍叶羊蹄甲

【科名】豆科

【属名】羊蹄甲属 *Bauhinia* Linn.

【学名】*Bauhinia brachycarpa* Wall. ex Benth.

【别名】马鞍叶羊蹄甲、夜关门、马鞍叶

【生活型】直立或攀缘小灌木

【分布】印度、缅甸和泰国有分布。我国分布于四川、云南、甘肃、湖北等省区。重庆市各区县偶见。

【生境】海拔 800~2 200m 的山地草坡和河溪旁灌丛中。

【饲用价值】叶片及嫩枝家畜喜食，可作家畜的青绿饲料。

红花羊蹄甲

【种名】红花羊蹄甲

【科名】豆科

【属名】羊蹄甲属 *Bauhinia* Linn.

【学名】*Bauhinia×blakeana* Dunn.

【别名】洋紫荆、红花紫荆

【生活型】常绿乔木

【分布】产于亚洲南部，世界各地广泛栽植。分布于中国的福建、广东、海南、广西、云南等省区。越南、印度亦有分布。重庆市地区作为园林行道树引进。

【生境】喜土层深厚、肥沃、排水良好的偏酸性沙质壤土。

【饲用价值】叶片可作饲料，适口性较好。树枝及树皮含有单宁。

【其他用途】主要用作园林绿化。

龙须藤

【种名】龙须藤

【科名】豆科

【属名】羊蹄甲属 *Bauhinia* Linn.

【学名】*Bauhinia championii*（Bentham） Bentham

【别名】五花血藤、乌皮藤等

【生活型】藤本植物

【分布】产于浙江、台湾、福建、广东、广西、江西、湖南、湖北和贵州等省区。印度、越南和印度尼西亚有分布。重庆市各区县作为园林攀缘植物常见。

【生境】低海拔至中海拔的丘陵灌丛或山地疏林和密林。

【饲用价值】叶片可加工制作饲料。

【其他用途】主要用作园林、边坡绿化。

羊蹄甲

【种名】羊蹄甲

【科名】豆科

【属名】羊蹄甲属 *Bauhinia* Linn.

【学名】*Bauhinia purpurea* Linn.

【别名】玲甲花

【生活型】乔木或直立灌木

【分布】产于我国南部。中南半岛、印度、斯里兰卡有分布。重庆市各区县作为园林植物引进。

【生境】世界广泛栽培的园林植物。

【饲用价值】叶片可加工制作饲料，但树皮及树枝剧毒。

【其他用途】主要用作园林绿化。

洋紫荆

【种名】洋紫荆

【科名】豆科

【属名】羊蹄甲属 *Bauhinia* Linn.

【学名】*Bauhinia variegata* Linn.

【别名】红紫荆、羊蹄甲

【生活型】落叶乔木

【分布】产于我国南部。印度、中南半岛有分布。重庆市各区县作为园林植物引进。

【生境】世界广泛栽培的园林植物。

【饲用价值】叶片可加工制作饲料，鲜叶山羊喜食。

【其他用途】主要用作园林绿化、蜜源植物。

云实属

云　实

【种名】云实

【科名】豆科

【属名】云实属 *Caesalpinia* Linn.

【学名】*Caesalpinia decapetala*（Roth） Alston

【别名】药王子、铁场豆、马豆、水皂角、天豆

【生活型】木质藤本

【分布】亚洲热带和温带地区有分布。我国分布于广东、广西、云南、四川、贵州、湖南、湖北、江西、福建、浙江、江苏、安徽、河南、河北、陕西、甘肃等省区。重庆市各区县均有分布。

【生境】生于山坡灌丛中及平原、丘陵、河旁等地。

【饲用价值】叶片及嫩枝营养价值高，牛、羊喜食，可作家畜的青绿饲料。

【其他用途】可作观赏植物；有药用价值，有解毒除湿、止咳化痰、杀虫之功效。

华南云实

【种名】华南云实

【科名】豆科

【属名】云实属 *Caesalpinia* Linn.

【学名】*Caesalpinia crista* Linn.

【别名】四川云实

【生活型】木质藤本

【分布】产于我国云南、贵州、四川、湖北、湖南、广西、广东、福建和台湾等省区。印度、斯里兰卡、缅甸、泰国等南亚国家及日本都有分布。重庆市武陵山脉各区县有分布。

【生境】海拔 400~1 500m 的山地林中。

【饲用价值】叶片柔软适口，可加工制作饲料。

【其他用途】主要用作园林绿化、蜜源植物。

喙荚云实

【种名】喙荚云实

【科名】豆科

【属名】云实属 *Caesalpinia* Linn.

【学名】*Caesalpinia minax* Hance

【别名】南蛇簕

【生活型】木质藤本

【分布】产于我国广东、广西、云南、贵州、四川等省区。重庆市武陵山脉各区县有分布。

【生境】海拔 400~1 500m 山沟、溪旁或灌丛中。

【饲用价值】叶片可加工制作饲料。

【其他用途】种子可入药，名石莲子。

苏 木

【种名】苏木

【科名】豆科

【属名】云实属 *Caesalpinia* Linn.

【学名】*Caesalpinia sappan* Linn.

【别名】苏方、苏方木、苏枋

【生活型】小乔木

【分布】原产于印度、缅甸、越南、马来半岛及斯里兰卡。我国云南有野生分布，贵州、四川、重庆市、广西、广东、福建和台湾地区有栽培。重庆市三峡库区有引种栽培。

【生境】海拔 500m 以下的岩溶低山与丘陵。

【饲用价值】叶片可采摘作山羊饲草料。

【其他用途】优质木材，有药用价值。

鸡嘴簕

【种名】鸡嘴簕

【科名】豆科

【属名】云实属 *Caesalpinia* Linn.

【学名】*Caesalpinia sinensis* （Hemsley） Vidal

【别名】鄂西云实

【生活型】木质藤本

【分布】缅甸、老挝北部和越南北部有分布。我国分布于广东、广西、云南、贵州、四川和湖北。重庆市武陵山区及三峡库区有零散分布。

【生境】 山林灌丛中。

【饲用价值】 叶片可采摘作山羊饲草料。

【其他用途】 暂无。

杭子梢属

毛杭子梢

【种名】 毛杭子梢

【科名】 豆科

【属名】 杭子梢属 *Campylotropis* Bunge

【学名】 *Campylotropis hirtella*（Franch.） Schindl.

【别名】 大红袍

【生活型】 灌木

【分布】 印度（阿萨姆）有分布。我国分布于四川、贵州、云南、西藏。重庆市武陵山区偶见。

【生境】 生长于海拔 900～4100m 的灌丛、林缘、疏林内、林下、山溪边以及山坡、向阳草地等处。

【饲用价值】 叶片及嫩枝牛、羊喜食，可作家畜饲草料。

【其他用途】 根有药用价值。

西南杭子梢

【种名】 西南杭子梢

【科名】 豆科

【属名】 杭子梢属 *Campylotropis* Bunge

【学名】 *Campylotropis delavayi*（Franchet） Schindler

【生活型】 灌木

【分布】 我国分布于四川、云南、贵州等省区。重庆市三峡库区有零散分布。

【生境】 生于海拔 400～2 200m 的山野草坡、灌丛、路旁、向阳草地等。

【饲用价值】 叶片柔嫩，家畜喜食，可作为家畜饲草料。

【其他用途】 根有药用价值。

杭子梢

【种名】 杭子梢

【科名】豆科
【属名】杭子梢属 *Campylotropis* Bunge
【学名】*Campylotropis macrocarpa* (Bunge) Rehder
【别名】多花杭子梢
【生活型】灌木
【分布】我国分布于四川、湖南、云南及贵州。重庆市武陵山区有分布。
【生境】生于山坡、灌丛、林缘、山谷沟边及林中。
【饲用价值】叶及嫩枝牛、羊喜食，可青饲。
【其他用途】可作护坡植物、蜜源植物。

太白山杭子梢

【种名】太白山杭子梢
【科名】豆科
【属名】杭子梢属 *Campylotropis* Bunge
【学名】*Campylotropis macrocarpa* var. *hupehensis* (Pampanini) Iokawa & H. Ohashi
【别名】丝苞杭子梢、长叶杭子梢
【生活型】灌木
【分布】我国分布于河北、山西、陕西、甘肃、河南、湖北、广东、四川、贵州及台湾等省区。重庆市綦江南川等地有零散分布。
【生境】生长于海拔 200~2 000m 山坡、灌丛、林缘、山谷沟边及林中。
【饲用价值】嫩茎、叶家畜喜食，可作为家畜的饲料。
【其他用途】可作为蜜源植物；根有药用价值。

小雀花

【种名】小雀花
【科名】豆科
【属名】杭子梢属 *Campylotropis* Bunge
【学名】*Campylotropis polyantha* (Franchet) Schindler
【别名】多花胡枝子、绒柄杭子梢、大叶杭子梢、密毛小雀花
【生活型】灌木
【分布】我国分布于甘肃南部、四川、贵州、云南、西藏东部。重庆市綦江、南川等地零散分布。
【生境】生于山坡及向阳地的灌丛中，在石质山地、干燥地以及溪边、沟旁、林边与林间等处均有生长。
【饲用价值】嫩茎及叶片牛、羊喜食，可青饲。
【其他用途】根有药用价值。

三棱枝杭子梢

【种名】三棱枝杭子梢

【科名】豆科

【属名】杭子梢属 *Campylotropis* Bunge

【学名】*Campylotropis trigonoclada*（Franchet） Schindler

【生活型】半灌木或灌木

【分布】我国分布于四川、贵州、云南、广西。重庆市武陵山区零散分布。

【生境】生于海拔 1 000（500）~2 800m 的山坡灌丛、林缘、林内、草地或路边等。

【饲用价值】叶片柔嫩多汁，山羊喜食，可青饲。

【其他用途】有药用价值。

腊肠树属

决　明

【种名】决明
【科名】豆科
【属名】腊肠树属 *Cassia* Linn.
【学名】*Cassia tora* Linn.
【别名】草决明、假花生、假绿豆、马蹄决明
【生活型】一年生亚灌木状草本
【分布】原产于美洲热带地区。我国长江以南各省区普遍分布。重庆市各区县常见。
【生境】生于山坡、旷野及河滩沙地上。
【饲用价值】叶片及嫩枝适口性好，牛、羊喜食，可作家畜饲草料。
【其他用途】种子可提取蓝色染料，亦有药用价值；苗叶和嫩果可食。

双荚决明

【种名】双荚决明
【科名】豆科
【属名】腊肠树属 *Cassia* Linn.
【学名】*Cassia bicapsularis* Linn.
【别名】金边黄槐、双荚决明、双荚黄槐、腊肠仔树
【生活型】直立灌木
【分布】原产于美洲热带地区，现广布于全世界热带地区。我国引进作为园林绿化植物。重庆市各区县有引种栽培。
【生境】喜光，耐寒，耐干旱瘠薄的土壤，常见于灌丛、树林中。
【饲用价值】叶片柔嫩，可采摘作山羊青饲料。
【其他用途】园林绿化。

伞房决明

【种名】伞房决明

【科名】豆科

【属名】腊肠树属 *Cassia* Linn.

【学名】*Cassia corymbosa*（Lam.）H. S. Irwin & Barneby

【别名】无

【生活型】半常绿灌木

【分布】原产于南美洲乌拉圭和阿根廷。我国华东地区广为栽培。重庆市少见，东北部区域有引种栽培。

【生境】喜光，稍耐阴，耐瘠薄，不耐涝。

【饲用价值】叶片可采摘作山羊青饲料。

【其他用途】可作边坡绿化，园林观赏植物。

豆茶决明

【种名】豆茶决明

【科名】豆科

【属名】腊肠树属 *Cassia* Linn.

【学名】*Cassia nomame*（Sieb.）Kitagawa

【别名】无

【生活型】一年生草本植物

【分布】日本和朝鲜半岛有分布。我国分布于黑龙江、吉林、浙江、台湾、江西、湖北、湖南、四川及云南等省区。重庆市长江沿岸区县有零散分布。

【生境】山坡、草地、堤岸及灌丛中。

【饲用价值】全株可饲用，可作饲草开发利用。

【其他用途】可作园林观赏植物。

望江南

【种名】望江南

【科名】豆科

【属名】腊肠树属 *Cassia* Linn.

【学名】*Cassia occidentalis*（Linn.）Link

【别名】黎茶、羊角豆、狗屎豆、野扁豆、茳芒决明

【生活型】直立灌木或亚灌木

【分布】原产于美洲热带地区，现广布于全世界热带和亚热带地区。我国分布于东南部、南部及西南部各省区。重庆市武陵山区、三峡库区有分布。

【生境】河边滩地、旷野或丘陵的灌木林或疏林。

【饲用价值】微毒，山羊偶尔采食。采食过量易出现中毒症状。

【其他用途】园林绿化，观花植物；有药用价值。

槐叶决明

【种名】槐叶决明

【科名】豆科

【属名】腊肠树属 *Cassia* Linn.

【学名】*Cassia sophera* Senna *occidentalis* var. *sophera*

【别名】茳芒决明

【生活型】灌木或半灌木

【分布】原产于亚洲热带地区，现广布于世界热带、亚热带地区。我国中部、东南部、南部及西南部各省区均有分布，北部部分省区有栽培。重庆市各区县常见。

【生境】山坡和路旁。

【饲用价值】叶片山羊喜食，可作山羊饲草料。

【其他用途】嫩叶和嫩荚可供食用；种子有药用价值。

黄槐决明

【种名】黄槐决明

【科名】豆科

【属名】腊肠树属 *Cassia* Linn.

【学名】*Cassia surattensis*（N. L. Burman） H. S. Irwin & Barneby

【别名】黄槐

【生活型】灌木或小乔木

【分布】原产于印度、斯里兰卡、印度尼西亚、菲律宾和澳大利亚、波利尼西亚，目前世界各地均有栽培。重庆市有引种栽培。

【生境】园林绿化地。

【饲用价值】叶片可采割作山羊饲草料。

【其他用途】本种常作绿篱和庭园观赏植物。

腊肠树

【种名】腊肠树

【科名】豆科

【属名】腊肠树属 *Cassia* Linn.

【学名】*Cassia fistula* Linn.

【别名】猪肠豆、阿勃勒、波斯皂荚、牛角树、阿里勃勒、大解树

【生活型】落叶乔木

【分布】原产于印度、斯里兰卡和缅甸等地，我国南方及西南各省区均有栽培。重庆

市有引种栽培。

【生境】园林绿化地。

【饲用价值】叶片可采割作山羊饲草料。

【其他用途】园林观花植物，树皮含单宁可制作染料。

猪屎豆属

猪屎豆

【种名】猪屎豆

【科名】豆科

【属名】猪屎豆属 *Crotalaria* Linn.

【学名】*Crotalaria pallida* Ait.

【别名】白猪屎豆、野苦豆、大眼兰、野黄豆草、猪屎青、野花生、大马铃、水蓼竹、响铃草、太阳麻

【生活型】多年生草本，或呈灌木状

【分布】我国分布于福建、台湾、广东、广西、四川、云南、山东、浙江、湖南等省区。重庆市主要分布在三峡库区各区县。

【生境】生于海拔 100~1 000m 的荒山草地及沙质土壤之中。

【饲用价值】叶片及嫩枝家畜喜食，可作家畜的饲料。

【其他用途】可作园林绿化植物；全草有药用价值。

翅托叶猪屎豆

【种名】翅托叶猪屎豆

【科名】豆科

【属名】猪屎豆属 *Crotalaria* Linn.

【学名】*Crotalaria alata* Buch. -Ham. ex D. Don

【别名】翅托叶野百合

【生活型】直立草本或亚灌木

【分布】亚洲、非洲热带、亚热带地区有分布。我国分布于福建、广东、海南、广西、四川、云南等省区。重庆市三峡库区、大巴山区常见。

【生境】生于海拔 100~2 000m 的荒山草地。

【饲用价值】叶片及嫩枝山羊少量采食，可作家畜饲草料。

【其他用途】全株含吡咯烷类生物碱，可供药用。

响铃豆

【种名】响铃豆

【科名】豆科

【属名】猪屎豆属 *Crotalaria* Linn.

【学名】*Crotalaria albida* Heyne ex Roth

【别名】无

【生活型】灌木状草本

【分布】中南半岛、南亚及太平洋诸岛有分布。我国分布于安徽、福建、湖南、贵州、广东、海南、广西、四川、云南等省区。重庆市渝东南武陵山区有分布。

【生境】生于海拔 200~2 800m 荒地路旁及山坡疏林下。

【饲用价值】全株可作饲草料，可放牧利用，亦可青饲。

【其他用途】有药用价值。

假地蓝

【种名】假地蓝

【科名】豆科

【属名】猪屎豆属 *Crotalaria* Linn.

【学名】*Crotalaria ferruginea* Graham ex Bentham

【别名】黄花野百合、野花生、大响铃豆

【生活型】多年生草本

【分布】印度、尼泊尔、老挝、越南、马来西亚等南亚国家地区有分布。我国分布于江苏、安徽、浙江、江西、湖南、湖北、福建、台湾、广东、广西、四川、重庆、贵州、云南、西藏等省区市。重庆市渝东南武陵山区有分布。

【生境】分布于海拔 400~1 000m 山坡疏林及荒山草地。

【饲用价值】全株可作饲草料，放牧利用亦可刈割饲喂牛羊。

【其他用途】可作绿肥植物；水土保持植物；有药用价值。

菽　麻

【种名】菽麻

【科名】豆科

【属名】猪屎豆属 *Crotalaria* Linn.

【学名】*Crotalaria juncea* Linn.

【别名】自消容、太阳麻、印度麻

【生活型】直立草本

【分布】原产于印度、现亚洲、非洲、大洋洲等国家广泛栽培或逸生。我国长江以南各省区有栽培。重庆市各地作栽培和制造麻绳原材料引进。

【生境】生于海拔 50~2 000m 荒地路旁及山坡疏林。

【饲用价值】植物粗蛋白含量高，牛、羊喜食，宜刈割利用。

【其他用途】茎枝可制造麻绳，纤维可造纸；有药用价值。

三尖叶猪屎豆

【种名】三尖叶猪屎豆

【科名】豆科

【属名】猪屎豆属 *Crotalaria* Linn.

【学名】*Crotalaria micans* Link

【别名】黄野百合、美洲野百合

【生活型】草本或亚灌木

【分布】原产于美洲。现栽培或逸生于我国福建、台湾、广东、广西、云南、四川等省区。重庆市武陵山区有引种栽培。

【生境】生于海拔 50~1 000m 灌丛或生荒地。

【饲用价值】全株可作饲草料，可放牧利用，亦可刈割利用。

【其他用途】全株可供药用。

野百合

【种名】野百合

【科名】豆科

【属名】猪屎豆属 *Crotalaria* Linn.

【学名】*Crotalaria sessiliflora* Linn.

【别名】农吉利、紫花野百合、羊屎蛋

【生活型】直立草本

【分布】中南半岛、南亚、太平洋诸岛及朝鲜、日本等地区有分布。我国长江以南各省市均有分布。重庆市武陵山区有分布。

【生境】生于海拔 70~1 500m 荒地或山区草地。

【饲用价值】幼嫩期可作饲草料，适口性好，可刈割亦可放牧利用。

【其他用途】全株有药用价值。

光萼猪屎豆

【种名】光萼猪屎豆

【科名】豆科

【属名】猪屎豆属 *Crotalaria* Linn.

【学名】*Crotalaria trichotoma* Bojer

【别名】南美猪屎豆、光萼野百合、光萼响铃豆、南美响铃豆

【生活型】草本或亚灌木

【分布】原产于南美洲，非洲、亚洲、大洋洲、美洲热带、亚热带等地区有分布。栽培或逸生于我国南方各省区市。重庆市各区县有零散分布。

【生境】生于海拔 100~1 000m 田园路边及荒山草地。

【饲用价值】全株可作饲草料，适口性好，宜刈割利用。

【其他用途】全株有药用价值。

野扁豆属

野扁豆

【种名】野扁豆
【科名】豆科
【属名】野扁豆属 *Dunbaria* Wight et Arn.
【学名】*Dunbaria villosa*（Thunb.） Makino
【别名】毛野扁豆、野赤小豆
【生活型】多年生缠绕藤本
【分布】日本、朝鲜、老挝、越南、柬埔寨有分布。我国分布于江苏、浙江、安徽、江西、湖北、湖南、广西、贵州、重庆。重庆市武陵山区、三峡库区零散分布。
【生境】生于山坡草丛中或灌木林中。
【饲用价值】全株可作家畜的饲料，青饲为主。
【其他用途】有药用价值。

长柄野扁豆

【种名】长柄野扁豆
【科名】豆科
【属名】野扁豆属 *Dunbaria* Wight et Arn.
【学名】*Dunbaria podocarpa* Kurz
【别名】山绿豆
【生活型】多年生缠绕藤本
【分布】印度、缅甸、老挝、越南、柬埔寨有分布。我国分布于海南、广西、广东和福建。重庆市三峡库区偶见。
【生境】生于海拔 40~800m 的山坡路旁灌丛中或旷野坡上。
【饲用价值】全株可作饲草料，营养价值高，宜刈割利用。
【其他用途】暂无。

圆叶野扁豆

【种名】 圆叶野扁豆

【科名】 豆科

【属名】 野扁豆属 *Dunbaria* Wight et Arn.

【学名】 *Dunbaria rotundifolia*（Loureiro）Merrill

【别名】 无

【生活型】 多年生缠绕藤本

【分布】 印度、印度尼西亚、菲律宾有分布。我国分布于四川、贵州、广东、广西、福建、贵州等省区。重庆市少见，大娄山、武陵山区域有分布。

【生境】 常生于山坡灌丛、旷野草地。

【饲用价值】 茎、叶可作饲草料，荚微毒。

【其他用途】 暂无。

百脉根属

百脉根

【种名】 百脉根

【科名】 豆科

【属名】 百脉根属 *Lotus* Linn.

【学名】 *Lotus corniculatus* Linn.

【别名】 五叶草、牛角花、黄瓜草、小花生藤、地羊鹊、斑鸠窝

【生活型】 多年生草本

【分布】 亚洲、欧洲、北美洲和大洋洲均有分布。我国分布于中国西北、西南和长江中上游各省区。重庆市三峡库区、武陵山区中高海拔区域有零散分布。

【生境】 生于湿润而呈弱碱性的山坡、草地、田野或河滩地。

【饲用价值】 是优良的家畜饲料，茎叶柔软多汁，碳水化合物含量丰富，可刈割青饲，可调制青干草，加工草粉和混合饲料，还可用作放牧利用。

【其他用途】 可作蜜源植物。

苜蓿属

天蓝苜蓿

【种名】天蓝苜蓿

【科名】豆科

【属名】苜蓿属 *Medicago* Linn.

【学名】*Medicago lupulina* Linn.

【别名】天蓝

【生活型】一二年或多年生草本

【分布】欧亚大陆广布。我国南北各地均有分布。重庆市各区县有分布。

【生境】生于河岸、路边、田野及林缘。

【饲用价值】为优良豆科牧草，可刈割青饲，亦可调制青贮饲料或晒制干草。

【其他用途】有药用价值。

南苜蓿

【种名】南苜蓿

【科名】豆科

【属名】苜蓿属 *Medicago* Linn.

【学名】*Medicago polymorpha* Linn.

【别名】黄花草子、金花菜

【生活型】一二年生草本

【分布】欧洲南部、西南亚，以及整个旧大陆均有分布。我国分布于长江流域以南各省区，以及陕西、甘肃、贵州、云南。重庆市长江沿岸各区县常见。

【生境】生于田边、路旁、旷野、草原、河岸及沟谷等地。

【饲用价值】为优良豆科牧草，家畜喜食，可作青绿饲料，亦可调制青贮饲料或晒制干草。

【其他用途】有药用价值。

紫花苜蓿

【种名】紫花苜蓿

【科名】豆科

【属名】苜蓿属 *Medicago* Linn.

【学名】*Medicago sativa* Linn.

【别名】紫苜蓿、牧蓿、苜蓿、路蒸

【生活型】多年生草本

【分布】原产于小亚细亚、伊朗、外高加索一带。世界各地都有栽培或呈半野生状态。中国南北各地均有栽培。重庆市各区县均有引种栽培。

【生境】生于田边、路旁、旷野、草原、河岸及沟谷等地。

【饲用价值】优良豆科牧草，茎叶柔嫩鲜美，可青饲、青贮、调制青干草、加工草粉，用于配合饲料或混合饲料。

【其他用途】无。

小苜蓿

【种名】小苜蓿

【科名】豆科

【属名】苜蓿属 *Medicago* Linn.

【学名】*Medicago minima*（Linn.）Grufb.

【别名】无

【生活型】一年生草本

【分布】我国分布于黄河及长江流域各省区。欧亚大陆、非洲等广泛分布。重庆市长江流域沿岸区县有分布。

【生境】荒坡、砂地、河谷沿岸。

【饲用价值】优质豆科牧草，适口性好，植物粗蛋白含量较高，可青饲、调制干草。

【其他用途】暂无。

崖豆藤属

厚果崖豆藤

【种名】 厚果崖豆藤

【科名】 豆科

【属名】 崖豆藤属 *Millettia* Wight et Arn.

【学名】 *Millettia pachycarpa* Bentham

【别名】 毛蕊崖豆藤、冲天子、苦檀子、罗藤、厚果鸡血藤

【生活型】 巨大藤本

【分布】 缅甸、泰国、越南、老挝、孟加拉国、印度、尼泊尔等南亚国家有分布。我国分布于浙江（南部）、江西、福建、台湾、湖南、广东、广西、四川、贵州、云南、西藏。重庆市武陵山区和大巴山区有零散分布。

【生境】 生于海拔 2 000m 以下的山坡常绿阔叶林内。

【饲用价值】 叶片粗蛋白含量高，可加工制作家畜饲料。

【其他用途】 种子和根含鱼藤酮，磨粉可作杀虫药；茎皮纤维可供利用。

鸡血藤属

密花鸡血藤

【种名】 密花鸡血藤

【科名】 豆科

【属名】 鸡血藤属 *Callerya* Endl.

【学名】 *Callerya congestiflora*（T. C. Chen）Z. Wei & Pedley

【别名】 密花崖豆藤

【生活型】 藤本

【分布】 我国分布于安徽、江西、湖北、湖南、广东、四川。重庆市武陵山和三峡库区零散分布。

【生境】 分布于海拔 500~1 200m 的山地密林。

【饲用价值】 叶片粗蛋白含量高，可青饲或加工成草粉。

【其他用途】 暂无。

香花鸡血藤

【种名】 香花鸡血藤

【科名】 豆科

【属名】 鸡血藤属 *Callerya* Endl.

【学名】 *Callerya dielsiana*（Harms）P. K. Loc ex Z. Wei & Pedley

【别名】 灰毛崖豆藤、鸡血藤、山鸡血藤、香花崖豆藤

【生活型】 攀缘灌木

【分布】 我国长江以南各省市均有分布。重庆市大巴山脉、武陵山脉，华蓥山脉均有分布。

【生境】 分布于海拔 1 000~2 500m 山坡杂木林与灌丛中，或谷地、溪沟和路旁。

【饲用价值】 叶片粗蛋白含量高，可加工成草粉。

【其他用途】 藤茎可入药。

异果鸡血藤

【种名】异果鸡血藤

【科名】豆科

【属名】鸡血藤属 *Callerya* Endl.

【学名】*Callerya dielsiana* var. *heterocarpa*（Chun ex T. C. Chen）X. Y. Zhu ex Z. Wei & Pedley

【别名】异果崖豆藤

【生活型】攀缘灌木

【分布】我国分布于江西、福建、广东、广西、贵州。重庆市偶见，武陵山区有分布。

【生境】生于山坡杂木林缘或灌丛中。

【饲用价值】叶片粗蛋白含量高，可加工制作草粉。

【其他用途】藤茎可入药。

亮叶鸡血藤

【种名】亮叶鸡血藤

【科名】豆科

【属名】鸡血藤属 *Callerya* Endl.

【学名】*Callerya nitida*（Bentham）R. Geesink

【别名】亮叶崖豆藤

【生活型】攀缘灌木

【分布】我国分布于江西、福建、湖南、广东、广西、福建、台湾、云南、四川等省区。重庆市大巴山脉、武陵山脉，华蓥山脉有零散分布。

【生境】生于海拔 1 000m 以上山地疏林与灌丛中。

【饲用价值】叶片粗蛋白含量高，可加工制作草粉。

【其他用途】藤茎可入药。

网络鸡血藤

【种名】网络鸡血藤

【科名】豆科

【属名】鸡血藤属 *Callerya* Endl.

【学名】*Callerya reticulata*（Bentham）Schot

【别名】网络崖豆藤

【生活型】藤本

【分布】我国分布于福建、湖北、广东、广西、贵州、重庆市、云南等省区。重庆市大巴山脉、武陵山脉有分布。

【生境】 生于灌丛及疏林中。

【饲用价值】 叶片可加工制作草粉。

【其他用途】 园林绿化。

锈毛鸡血藤

【种名】 锈毛鸡血藤

【科名】 豆科

【属名】 鸡血藤属 *Callerya* Endl.

【学名】 *Callerya sericosema*（Hance）Z. Wei & Pedley

【别名】 锈毛崖豆藤

【生活型】 攀缘灌木

【分布】 我国分布于湖北、湖南、广西、四川、贵州。重庆市大巴山区、武陵山区有分布。

【生境】 生于海拔 500~1 200m 以下山地旷野和溪谷杂木林。

【饲用价值】 叶片等可加工制作草粉。

【其他用途】 园林绿化。

山扁豆属

大叶山扁豆

【种名】大叶山扁豆

【科名】豆科

【属名】山扁豆属 *Chamaecrista* Moench

【学名】*Chamaecrista leschenaultiana*（Candolle） O. Degener

【别名】短叶决明、地油甘、牛旧藤

【生活型】一年生或多年生亚灌木状草本

【分布】越南、缅甸、印度有分布。我国分布于安徽、江西、浙江、福建、台湾、广东、广西、贵州、云南、四川等省区。重庆市武陵山区、三峡库区有零散分布。

【生境】生于山地路旁的灌木丛或草丛中。

【饲用价值】叶片及嫩枝家畜喜食，可青饲或晒制干草。

【其他用途】无。

山扁豆

【种名】山扁豆

【科名】豆科

【属名】山扁豆属 *Chamaecrista* Moench

【学名】*Chamaecrista mimosoides* Standl.

【别名】还瞳子、黄瓜香、梦草、山扁豆、含羞草决明

【生活型】一年生或多年生亚灌木状草本

【分布】原产于美洲热带地区，现广布于全世界热带和亚热带地区。我国分布于东南部、南部至西南部。重庆市各区县有分布，主要见于渝东南武陵山区。

【生境】生于坡地或空旷地的灌木丛或草丛。

【饲用价值】全株可作为饲草料，适口性好，可青饲或调制干草。

【其他用途】可作绿肥植物；根有药用价值。

葛 属

食用葛

【种名】食用葛

【科名】豆科

【属名】葛属 *Pueraria* DC.

【学名】*Pueraria edulis* Pampanini

【别名】甘葛、粉葛、葛藤、葛根、食用葛藤

【生活型】藤本

【分布】原产于广西、云南和四川等地区。我国南方各省区市广泛栽培。重庆市各区县均有分布。

【生境】分布于海拔 500~3 200m 的山沟林中。

【饲用价值】全株可作为饲草料，适口性好，粗纤维、粗蛋白含量高，可青饲、青贮、调制干草。

【其他用途】根茎是保健食品。

葛麻姆

【种名】葛麻姆

【科名】豆科

【属名】葛属 *Pueraria* DC.

【学名】*Pueraria montana* var. *lobata* (Willdenow) Maesen& S. M. Almeida ex Sanjappa & Predeep

【别名】野山葛、山葛藤、越南葛藤

【生活型】藤本

【分布】日本、越南、老挝、泰国和菲律宾有分布。我国分布于云南、四川、贵州、湖北、浙江、江西、湖南，福建、广西、广东、海南和台湾。重庆市各区县均有分布。

【生境】生于旷野灌丛中或山地疏林下。

【饲用价值】叶片和嫩枝山羊喜食，可青饲或调制干草。

【其他用途】无。

粉 葛

【种名】粉葛

【科名】豆科

【属名】葛属 *Pueraria* DC.

【学名】*Pueraria montana* var. *Thomsonii*（Benth.） Wiersema ex D. B. Ward

【别名】葛马藤

【生活型】藤本

【分布】不丹、缅甸、老挝、缅甸、菲律宾、越南和印度等国家有分布。我国分布于广东、广西、海南、江西、湖南、四川、云南、台湾和香港等地。重庆市各区县常见。

【生境】生于灌丛或疏林中。

【饲用价值】叶片是优质的青饲料，适口性好，可青饲或调制干草。

【其他用途】茎皮纤维可织布；根茎是保健食品。

苦 葛

【种名】苦葛

【科名】豆科

【属名】葛属 *Pueraria* DC.

【学名】*Pueraria peduncularis*（Graham ex Bentham） Bentham

【别名】云南葛藤、红苦葛、白苦葛

【生活型】缠绕草本

【分布】尼泊尔和克什米尔地区有分布。我国分布于西藏、云南、四川、贵州、广西。重庆市武陵山区、大巴山区有分布。

【生境】生于荒地、杂木林中。

【饲用价值】结实前叶片为优质饲草料，结实后适口性变差，可刈割利用，亦可自由放牧。

【其他用途】茎皮纤维可织布；根茎是保健食品；退耕还林首选植物。

宿苞豆属

西南宿苞豆

【种名】 西南宿苞豆
【科名】 豆科
【属名】 宿苞豆属 *Shuteria* Wight et Arn.
【学名】 *Shuteria vestita* Wight et Arn.
【别名】 毛宿苞豆、光宿苞豆
【生活型】 草质藤本
【分布】 我国分布于云南、贵州、广西等地。重庆市武陵山区、大巴山区偶见。
【生境】 生于山野田边或湿润的路旁草丛中。
【饲用价值】 叶片及嫩枝适口性好，可青饲或调制干草。
【其他用途】 有药用价值。

苦参属

槐

【种名】槐

【科名】豆科

【属名】苦参属 *Sophora* Linn.

【学名】*Sophora japonica* Linn.

【别名】蝴蝶槐、国槐、金药树、豆槐、槐花树、槐花木、守宫槐、紫花槐、槐树、堇花槐、毛叶槐、宜昌槐、早开槐

【生活型】乔木

【分布】日本、越南有分布，朝鲜并见有野生，欧洲、美洲各国均有引种。原产于中国，现南北各省区广泛栽培，华北和黄土高原地区尤为多见。重庆市各区县常见。

【生境】生于荒坡、路边及村舍周围。

【饲用价值】叶片及嫩枝蛋白质含量高，山羊喜食，可作青绿饲料、调制干草。

【其他用途】可作绿化植物；蜜源植物；木材供建筑用；花和荚果可入药，叶和根皮有清热解毒作用。

白刺花

【种名】白刺花

【科名】豆科

【属名】苦参属 *Sophora* Linn.

【学名】*Sophora davidii*（Franch.） Skeels

【别名】苦刺花、白刻针、马鞭采、马蹄针、狼牙刺、狼牙槐、铁马胡烧

【生活型】灌木或小乔木

【分布】我国分布于华北、陕西、甘肃、河南、江苏、浙江、湖北、湖南、广西、四川、重庆市、贵州、云南、西藏。重庆市三峡库区、大巴山区零散分布。

【生境】生于海拔 2500 m 以下河谷沙丘和山坡路边的灌木丛中。

【饲用价值】叶片及嫩枝牛、羊喜食，营养丰富，可青饲、晒制干草。

【其他用途】可作水土保持植物及园林观赏植物。

苦　参

【种名】苦参

【科名】豆科

【属名】苦参属 *Sophora* Linn.

【学名】*Sophora flavescens* Alt.

【别名】野槐、山槐、白茎地骨、地槐、牛参、好汉拔

【生活型】草本或亚灌木

【分布】印度、日本、朝鲜、俄罗斯西伯利亚地区有分布。我国南北各省区均有。重庆市各区县均有分布。

【生境】生于海拔 1 500m 以下的山坡、沙地草坡灌木林中或田野附近。

【饲用价值】叶片和嫩枝可刈割作山羊饲草料。

【其他用途】含苦参碱和金雀花碱等，有清热利湿、抗菌消炎的功效。

瓦山槐

【种名】瓦山槐

【科名】豆科

【属名】苦参属 *Sophora* Linn.

【学名】*Sophora wilsonii* Craib

【别名】无

【生活型】灌木

【分布】我国分布于甘肃、四川、贵州、云南。重庆市长江沿岸各区县有分布。

【生境】生于海拔 500~1 700m 山谷河边的灌木林中。

【饲用价值】叶片和嫩枝山羊喜食，可青饲或晒制干草。

【其他用途】可作园林绿化植物。

野豌豆属

广布野豌豆

【种名】广布野豌豆

【科名】豆科

【属名】野豌豆属 *Vicia* Linn.

【学名】*Vicia cracca* Linn.

【别名】鬼豆角、落豆秧、草藤、灰野豌豆

【生活型】多年生草本

【分布】欧亚、北美有分布。我国各省区均有分布。重庆市各区县常见。

【生境】生于草甸、林缘、山坡、河滩草地及灌丛。

【饲用价值】结实期前适口性好，家畜喜食，可青饲，亦可晒制干草。

【其他用途】可作蜜源植物及水土保持植物。

救荒野豌豆

【种名】救荒野豌豆

【科名】豆科

【属名】野豌豆属 *Vicia* Linn.

【学名】*Vicia sativa* Linn.

【别名】大巢菜、薇、野豌豆、野菉豆、箭舌野豌豆、草藤、山扁豆、雀雀豆、野毛豆、马豆、给希—额布斯、苕子

【生活型】一年生或二年生草本

【分布】原产于欧洲南部、亚洲西部。中国各地均有分布。重庆市各区县常见。

【生境】生于海拔 50~3 000m 荒山、田边草丛及林中。

【饲用价值】开花期前可作饲草，适口性好，营养丰富，可青饲，亦可晒制干草。花果期及种子有毒。

【其他用途】可作绿肥；全草有药用价值。

野豌豆

【种名】野豌豆

【科名】豆科

【属名】野豌豆属 *Vicia* Linn.

【学名】*Vicia sepium* Linn.

【别名】滇野豌豆

【生活型】多年生草本

【分布】朝鲜、日本、俄罗斯有分布。我国分布于西北、西南各省区。重庆市各区县均有分布。

【生境】生于海拔 1 000~2 200m 的山坡或林缘草丛。

【饲用价值】营养价值丰富，家畜喜食，可刈割青饲或晒制干草。

【其他用途】可作蔬菜；种子含油；叶及花果有药用价值。

四籽野豌豆

【种名】四籽野豌豆

【科名】豆科

【属名】野豌豆属 *Vicia* Linn.

【学名】*Vicia tetrasperma* （Linn.） Schreber

【别名】丝翘翘、四籽草藤、苕子、野扁豆、野苕子、乔乔子、小乔莱

【生活型】一年生缠绕草本

【分布】欧洲、亚洲、北美、北非有分布。我国分布于陕西、甘肃、新疆，华东、华中及西南等地。重庆市各区县均有分布。

【生境】生于海拔 50~2 000m 的山谷、草地阳坡。

【饲用价值】牛、羊、兔喜食，可刈割青饲或晒制干草。

【用途】嫩叶可食；全草有药用价值，有平胃、明目之功效。

歪头菜

【种名】歪头菜

【科名】豆科

【属名】野豌豆属 *Vicia* Linn.

【学名】*Vicia unijuga* A. Br.

【别名】草豆、两叶豆苗、三叶、豆苗菜、山豌豆、鲜豆苗、偏头草、豆叶菜

【生活型】多年生草本

【分布】朝鲜、日本、蒙古国、俄罗斯西伯利亚及远东有分布。我国分布于东北、华北、华东、西南地区。重庆市长江沿岸各区县有零散分布。

【生境】生于低海拔至4 000m山地、林缘、草地、沟边及灌丛。
【饲用价值】牛、羊喜食，可刈割青饲，放牧利用。
【其他用途】可作蔬菜；亦用于水土保持及绿肥；密源植物；全草有药用价值。

山野豌豆

【种名】山野豌豆
【科名】豆科
【属名】野豌豆属 *Vicia* Linn.
【学名】*Vicia amoena* Fisch. ex DC.
【别名】落豆秧、豆豌豌、白花山野豌豆、狭叶山野豌豆、绢毛山野豌豆
【生活型】多年生草本
【分布】俄罗斯远东地区、朝鲜、日本、蒙古国有分布。我国分布于东北、陕西、甘肃、宁夏、河南、湖北、山东、江苏、安徽等地。重庆市大巴山区有零散分布。
【生境】生于海拔 80~1 700m 的草甸、山坡、灌丛或杂木林中。
【饲用价值】适口性好，蛋白质含量高，为优良豆科牧草，可放牧利用，刈割青饲。
【其他用途】蜜源植物；有药用价值。

大花野豌豆

【种名】大花野豌豆
【科名】豆科
【属名】野豌豆属 *Vicia* Linn.
【学名】*Vicia bungei* Ohwi
【别名】野豌豆、毛苕子、老豆蔓、三齿草藤、山豌豆、三齿野豌豆、三齿萼野豌豆、山黧豆
【生活型】一二年生缠绕或匍匐状草本
【分布】我国分布于长江以北、华中地区及四川、云南等地。重庆市大巴山山区、三峡库区有分布。
【生境】生于海拔 200~3 800m 山坡、谷地、草丛、田边及路旁。
【饲用价值】全株可作饲草料，适口性好，为优良豆科牧草。
【其他用途】可作蜜源植物。

华野豌豆

【种名】华野豌豆
【科名】豆科
【属名】野豌豆属 *Vicia* Linn.
【学名】*Vicia chinensis* Franchet

【别名】无

【生活型】多年生缠绕草本

【分布】我国分布于陕西、湖北、四川、云南等省区。重庆市大巴山区、武陵山区偶见。

【生境】生于海拔 1 400~2 000m 山谷灌丛。

【饲用价值】为优良豆科牧草，适口性好，可放牧利用，亦可刈割青饲。

【其他用途】暂无。

蚕　豆

【种名】蚕豆

【科名】豆科

【属名】野豌豆属 *Vicia* Linn.

【学名】*Vicia faba* Linn.

【别名】胡豆、南豆、罗汉豆、兰花豆

【生活型】一年生草本

【分布】原产于欧洲地中海沿岸，亚洲西南部至北非地区。我国各地均有栽培，长江以南地区广泛栽培。重庆市各区县均有栽培。

【生境】生于房前屋后，农耕田地。

【饲用价值】适口性较好，嫩叶可刈割青饲，草粉可作为添加剂添加到鱼饲料中，提高鱼苗成活率。

【其他用途】籽粒为优质蔬菜。

小巢菜

【种名】小巢菜

【科名】豆科

【属名】野豌豆属 *Vicia* Linn.

【学名】*Vicia hirsuta*（Linn.） S. F. Gray

【别名】硬毛果野豌豆、苕、薇、翘摇、雀野豆、小巢豆

【生活型】一年生草本

【分布】北美、北欧、俄罗斯、日本、朝鲜等国家地区有分布。我国分布于黄河以南绝大多数省区市。重庆市三峡库区长江沿岸常见。

【生境】生于海拔 200~1 900m 山沟、河滩、田边或路旁草丛。

【饲用价值】优质饲草料，适口性好，家畜喜食，可刈割利用，亦可放牧利用。

【其他用途】可作绿肥；有药用价值。

大叶野豌豆

【种名】大叶野豌豆

【科名】豆科

【属名】野豌豆属 *Vicia* Linn.

【学名】*Vicia pseudo-orobus* Fischer & C. A. Meyer

【别名】大叶草藤、山落豆秧子、假香野豌豆

【生活型】多年生草本

【分布】我国主要分布于华北和西南地区。重庆市大巴山脉中高海拔区域有零散分布。

【生境】生于海拔 800~2 000m 山地、灌丛或林中。

【饲用价值】优质豆科牧草，适口性好，牛、羊、马、兔等草食牲畜喜食，可刈割利用，亦可放牧利用。

【其他用途】全株有药用价值。

窄叶野豌豆

【种名】窄叶野豌豆

【科名】豆科

【属名】野豌豆属 *Vicia* Linn.

【学名】*Vicia sativa* subsp. *nigra* Ehrhart

【别名】铁豆秧、苦豆子、山豆子

【生活型】一二年生草本

【分布】我国主要分布于华南、西南、华中、华东、西北等省区。重庆市各区县有零散分布。

【生境】生于海拔 3 000m 以下河滩、山沟、谷地、田边草丛。

【饲用价值】优质豆科牧草，适口性好，草食牲畜喜食，可刈割青饲，亦可放牧利用。

【其他用途】可作蜜源植物；园林绿化植物。

长柔毛野豌豆

【种名】长柔毛野豌豆

【科名】豆科

【属名】野豌豆属 *Vicia* Linn.

【学名】*Vicia villosa* Roth

【别名】毛叶苕子、毛苕子、柔毛苕子

【生活型】一年生草本

【**分布**】欧洲、中亚等国家有分布。分布于我国绝大部分省区。重庆市各区县均有栽培。

【**生境**】生于河滩、山沟、谷地、田边草丛。

【**饲用价值**】优质豆科牧草，适口性好，草食牲畜喜食，可刈割青饲，亦可放牧利用。

【**其他用途**】可作蜜源植物；园林绿化植物。

黄檀属

藤黄檀

【种名】藤黄檀

【科名】豆科

【属名】黄檀属 *Dalbergia* Linn. f.

【学名】*Dalbergia hancei* Benth

【别名】橿树、梣果藤、藤檀、藤香、红香藤、大香藤

【生活型】藤本

【分布】我国分布于安徽、浙江、江西、福建、广东、海南、广西、四川、贵州等地。重庆市武陵山区、大巴山区有分布。

【生境】生于山坡灌丛中或山谷溪旁。

【饲用价值】叶及嫩枝可作家畜的饲料，刈割青饲或调制草粉。

【其他用途】纤维可用于编织；根、茎有药用价值。

秧　青

【种名】秧青

【科名】豆科

【属名】黄檀属 *Dalbergia* Linn. f.

【学名】*Dalbergia assamica* Bentham

【别名】茶丫藤、黄类树、水相思、南岭檀、紫花黄檀、思茅黄檀、南岭黄檀

【生活型】乔木

【分布】产于我国广西和云南省，四川、广东、贵州等省有分布。重庆市渝东南武陵山区有零星分布。

【生境】生于海拔 650~1 700m 的山地疏林、河边或村旁旷野。

【饲用价值】叶片刈割可作山羊饲草料。

【其他用途】紫胶虫优良寄主，用于生产紫胶。

大金刚藤

【种名】大金刚藤

【科名】豆科

【属名】黄檀属 *Dalbergia* Linn. f.

【学名】*Dalbergia dyeriana* Prain ex Harms

【别名】大金刚藤黄檀

【生活型】大藤本

【分布】我国分布于陕西、甘肃、浙江、湖北、湖南、四川、云南。重庆市大巴山区及武陵山区有零散分布。

【生境】生于海拔 700~1 500m 的山坡灌丛或山谷密林中。

【饲用价值】叶片山羊喜食，可刈割青饲。

【其他用途】暂无。

黄　檀

【种名】黄檀

【科名】豆科

【属名】黄檀属 *Dalbergia* Linn. f.

【学名】*Dalbergia hupeana* Hance

【别名】不知春、望水檀、檀树、檀木、白檀、上海黄檀

【生活型】乔木

【分布】我国分布于山东、安徽以及长江以南各省区。重庆市武陵山脉、华蓥山脉、大巴山各区县有分布。

【生境】生于海拔 600~1 400m 的山坡灌丛或平原地区。

【饲用价值】叶片采收可制作青饲草料。

【其他用途】优质木材原料；荒山绿化先锋种，行道树。

象鼻藤

【种名】象鼻藤

【科名】豆科

【属名】黄檀属 *Dalbergia* Linn. f.

【学名】*Dalbergia mimosoides* Franchet

【别名】含羞草叶黄檀

【生活型】灌木

【分布】印度等国家有分布。我国分布于陕西、湖北、四川、云南、西藏。重庆市大娄山区，武陵山区、大巴山区有分布。

【生境】生于海拔800~2 000m的山沟疏林或山坡灌丛中。

【饲用价值】叶片山羊喜食，可青饲，亦可放牧利用。

【其他用途】有药用价值，具有消炎解毒等功效。

狭叶黄檀

【种名】狭叶黄檀

【科名】豆科

【属名】黄檀属 *Dalbergia* Linn. f.

【学名】*Dalbergia stenophylla* Prain

【别名】黔黄檀

【生活型】藤本植物

【分布】越南有分布。我国分布于湖北、广西、四川、贵州。重庆市渝东南武陵山区有分布。

【生境】生于山谷潮湿处的灌丛中。

【饲用价值】叶片可青饲，亦可放牧利用。

【其他用途】暂无。

巴豆藤属

巴豆藤

【种名】 巴豆藤
【科名】 豆科
【属名】 巴豆藤属 *Craspedolobium* Harms
【学名】 *Craspedolobium unijugum*（Gagnepain） Z. Wei & Pedley
【生活型】 攀缘灌木
【分布】 我国分布于四川、贵州、云南等地。重庆市渝东南地区有零散分布。
【生境】 生于海拔 2 000m 以下土壤湿润的疏林下和路旁灌木林中。
【饲用价值】 叶片山羊喜食，可青饲。
【其他用途】 暂无。

相思子属

相思子

【种名】 相思子

【科名】 豆科

【属名】 相思子属 *Abrus* Adans.

【学名】 *Abrus precatorius* Linn.

【别名】 红豆、鸡母珠、相思豆

【生活型】 藤本

【分布】 广泛分布于热带地区。我国分布于广东、广西、四川、云南、台湾等省区。重庆市武陵山区、大巴山区有零散分布。

【生境】 生于山地疏林中。

【饲用价值】 叶片采收作山羊饲草料；种子剧毒，避免家畜食用。

【其他用途】 种子可作装饰品；根茎有药用价值。

相思树属

儿　茶

【种名】儿茶

【科名】豆科

【属名】相思树属 *Acacia* Mill.

【学名】*Acacia catechu*（Linn. f.） Willdenow

【别名】乌爹泥、孩儿茶、西谢

【生活型】落叶小乔木

【分布】印度、缅甸和非洲东部地区有分布。我国分布于云南、广西、广东、浙江南部及台湾，其中除云南（西双版纳、临沧地区）有野生外，余均为引种。重庆市少见，渝东南黔江等地有栽培。

【生境】生于山坡、荒坡、林缘地。

【饲用价值】嫩枝及叶片营养丰富，可作青绿饲料。

【其他用途】有药用价值，可制作儿茶浸膏或儿茶末。

藤金合欢

【种名】藤金合欢

【科名】豆科

【属名】相思树属 *Acacia* Mill.

【学名】*Acacia concinna*（Willdenow） Candolle

【生活型】攀缘藤本

【分布】亚洲热带地区广布。我国分布于江西、湖南、广东、广西、贵州、云南等地。重庆市西部，东部区域有零散分布。

【生境】生于疏林或灌丛中。

【饲用价值】嫩枝及叶片可作为家畜的饲料。

【其他用途】有药用价值，树皮含单宁，有解热、散血之效。

台湾相思

【种名】台湾相思

【科名】豆科

【属名】相思树属 *Acacia* Mill.

【学名】*Acacia confusa* Merrill

【别名】相思树、台湾柳、相思仔

【生活型】常绿乔木

【分布】菲律宾、印度尼西亚、斐济有分布。我国分布于台湾、福建、广东、广西、云南。重庆市各区县有引种栽培。

【生境】生于房前屋后，山坡。

【饲用价值】嫩枝及叶片牛、羊喜食，可青饲。

【其他用途】可作调香原料；荒山造林、固土及沿海防护树种。

银　荆

【种名】银荆

【科名】豆科

【属名】相思树属 *Acacia* Mill.

【学名】*Acacia dealbata* Link

【别名】鱼骨松、鱼骨槐

【生活型】无刺灌木或小乔木

【分布】原产于澳大利亚。我国云南、广西、福建等地区均有引种。重庆市长江沿岸各区县有引种栽培。

【生境】生于房前屋后，山坡。

【饲用价值】嫩枝及叶片可作山羊饲草料。

【其他用途】可作蜜源植物，观赏植物。

金合欢

【种名】金合欢

【科名】豆科

【属名】相思树属 *Acacia* Mill.

【学名】*Acacia farnesiana*（Linn.） Willdenow

【别名】鸭皂树、刺毬花、消息花、牛角花

【生活型】灌木或小乔木

【分布】原产于热带美洲，热带地区广布。我国分布于浙江、台湾、福建、广东、广西、云南、四川、重庆。重庆市各区县均有引种栽培。

【生境】生于阳光充足，土壤较肥沃、疏松的山坡、林地。

【饲用价值】嫩枝及叶片牛、羊喜食，可青饲。

【其他用途】绿化树种；可作贵重器材；树脂可供美工用及药用。

黑　荆

【种名】黑荆

【科名】豆科

【属名】相思树属 *Acacia* Mill.

【学名】*Acacia mearnsii* De Wildeman

【别名】澳洲金合欢、黑儿茶

【生活型】乔木

【分布】原产于澳大利亚。我国浙江、福建、台湾、广东、广西、云南、四川有引种。重庆市三峡库区万州、巫山等地有引种栽培。

【生境】生于山坡、荒坡、林缘地。

【饲用价值】嫩枝及叶片家畜喜食，可青饲。

【其他用途】可作家具、建筑等用材；亦可作蜜源、绿化树种。

羽叶金合欢

【种名】羽叶金合欢

【科名】豆科

【属名】相思树属 *Acacia* Mill.

【学名】*Acacia pennata*（Linn.）Willdenow

【别名】蛇藤、加力酸藤、臭菜、南蛇簕藤

【生活型】攀缘、多刺藤本

【分布】亚洲和非洲的热带地区广布。我国分布于云南、广东、福建。重庆市各区县有引种栽培。

【生境】生于低海拔的疏林中，常攀附于灌木或小乔木的顶部。

【饲用价值】嫩枝及叶片山羊偶食，可青饲。

【其他用途】暂无。

合萌属

合　萌

【种名】合萌

【科名】豆科

【属名】合萌属 *Aeschynomene* Linn.

【学名】*Aeschynomene indica* Linn.

【别名】镰刀草、田皂角

【生活型】一年生亚灌木状草本

【分布】非洲、大洋洲及亚洲热带地区及朝鲜、日本均有分布。广布于我国各省。重庆市各区县常见。

【生境】生于林区及其边缘。

【饲用价值】草质柔软、茎叶肥嫩，适口性好、营养价值高，既可放牧利用，也可刈割后青贮或调制干草；种子有毒，不可食用。

【其他用途】可作绿肥植物；有药用价值，能利尿解毒。

土圞儿属

肉色土圞儿

【种名】 肉色土圞儿

【科名】 豆科

【属名】 土圞儿属 *Apios* Fabr.

【学名】 *Apios carnea*（Wallich）Bentham ex Baker

【别名】 满塘红

【生活型】 缠绕藤本

【分布】 越南、泰国、尼泊尔、印度北部。我国分布于西藏、云南、四川、贵州、广西。重庆市三峡库区、武陵山区偶见。

【生境】 生于海拔 800~2 600m 的沟边杂木林中或溪边路旁。

【饲用价值】 叶片适口性较好，山羊喜食，可青饲。

【其他用途】 种子含油。

土圞儿

【种名】 土圞儿

【科名】 豆科

【属名】 土圞儿属 *Apios* Fabr.

【学名】 *Apios fortunei* Maximowicz

【别名】 九子羊、疬子薯

【生活型】 缠绕草本

【分布】 日本有分布。我国分布于甘肃、陕西、河南、四川、贵州、湖北、湖南、江西、浙江、福建、广东、广西等省区。重庆市各区县有零散分布。

【生境】 生于海拔 300~1 000m 山坡灌丛中。

【饲用价值】 适口性好，牛、羊喜食，可青饲，亦可放牧利用。

【其他用途】 可提制淀粉；亦可作酿酒原料。

落花生属

落花生

【种名】 落花生

【科名】 豆科

【属名】 落花生属 *Arachis* Linn.

【学名】 *Arachis hypogaea* Linn.

【别名】 花生、地豆、番豆、长生果

【生活型】 一年生草本

【分布】 原产于南美洲巴西。我国各省均有栽培。重庆市各区县作为经济作物栽培。

【生境】 生于村旁、宅旁、路边、田间。

【饲用价值】 茎、叶及油麸营养价值高，适口性好，可作为家畜、家禽的蛋白饲料，可青饲，亦可晒制干草。

【其他用途】 为重要油料作物之一，既可食用，亦是制皂和生发油等化妆品的原料。

猴耳环属

亮叶猴耳环

【种名】 亮叶猴耳环

【科名】 豆科

【属名】 猴耳环属 *Archidendron* F. Muell.

【学名】 *Archidendron lucidum*（Bentham）I. C. Nielsen

【别名】 雷公凿、亮叶围诞树、亮叶围涎树、围涎树

【生活型】 乔木

【分布】 印度和越南有分布。我国分布于浙江、台湾、福建、广东、广西、云南、四川等省区。重庆市渝西南、渝东南各区县有零散分布。

【生境】 生于疏或密林中或林缘灌木丛中。

【饲用价值】 嫩茎、叶山羊喜食，可青饲；果有毒。

【其他用途】 枝叶有药用价值，能消肿祛湿。

黄耆属

紫云英

【种名】 紫云英

【科名】 豆科

【属名】 黄耆属 *Astragalus* Linn.

【学名】 *Astragalus sinicus* Linn.

【别名】 翘摇、红花草籽

【生活型】 二年生草本

【分布】 我国分布于长江流域各省区。重庆市各区县均有分布。

【生境】 生于海拔 400~3 000m 间的山坡、溪边及潮湿处。

【饲用价值】 植株多汁液，适口性好，家畜喜食，可青饲、青贮或晒制干草，亦可放牧利用。

【用途】 可作绿肥；嫩梢可食用；有药用价值。

地八角

【种名】 地八角

【科名】 豆科

【属名】 黄耆属 *Astragalus* Linn.

【学名】 *Astragalus bhotanensis* Baker

【别名】 不丹黄芪、士牛膝、球花紫云英、旱皂角

【生活型】 多年生草本

【分布】 不丹、印度有分布。我国分布于贵州、云南、西藏、四川、陕西、甘肃。重庆市三峡库区、武陵山区有分布。

【生境】 生于海拔 600~2 800m 的河漫滩、山沟、山坡、阴湿处、田边以及灌丛下。

【饲用价值】 适口性好，家畜喜食，可青饲或晒制干草，亦可放牧利用。

【其他用途】 有药用价值。

黄芪属

金翼黄芪

【种名】金翼黄芪
【科名】豆科
【属名】黄芪属 *Astragalus* Linn.
【学名】*Astragalus chrysopterus* Bunge
【生活型】多年生草本
【分布】我国的特有植物，分布于四川、河北、山西、陕西、甘肃、宁夏、青海。重庆市渝东北城口、巫溪等地偶见分布。
【生境】生于海拔 1 600~3 700m 的山坡、灌丛、林下及沟谷中。
【饲用价值】适口性好，牛、羊喜食，可青饲，亦可放牧利用。
【其他用途】有药用价值，全草用于利尿，愈合血管，外用治创伤。

秦岭黄芪

【种名】秦岭黄芪
【科名】豆科
【属名】黄芪属 *Astragalus* Linn.
【学名】*Astragalus henryi* Oliver
【生活型】小灌木
【分布】我国分布于陕西东南部、湖北西部。重庆市武陵山区有零散分布。
【生境】生长于海拔 2 500m 左右的山坡、水沟旁或杂木林内。
【饲用价值】适口性好、营养价值高，牛、羊喜食，可刈割青饲，亦可放牧利用。
【其他用途】有药用价值。

莲山黄芪

【种名】莲山黄芪
【科名】豆科
【属名】黄芪属 *Astragalus* Linn.

【学名】*Astragalus leansanicus* Ulbrich
【生活型】多年生草本
【分布】我国产于陕西、甘肃（南部）、四川。重庆市巫溪县、巫山县有零散分布。
【生境】生于海拔 1 000~2 200m 河滩地及田埂上。
【饲用价值】适口性好，可刈割青饲，亦可放牧利用。
【其他用途】有药用价值。

草木樨状黄芪

【种名】草木樨状黄芪
【科名】豆科
【属名】黄芪属 *Astragalus* Linn.
【学名】*Astragalus melilotoides* Pallas
【生活型】多年生草本
【分布】分布于俄罗斯、蒙古国。我国分布于长江以北各省区。重庆市三峡库区长江沿岸常见。
【生境】生于向阳山坡、路旁草地或草甸草地。
【饲用价值】为优良豆科牧草，适口性好、蛋白质含量高，可饲喂牛、羊等家畜。
【其他用途】有药用价值，主治风湿性关节疼痛、四肢麻木。

巫山黄芪

【种名】巫山黄芪
【科名】豆科
【属名】黄芪属 *Astragalus* Linn.
【学名】*Astragalus wushanicus* N. D. Simpson
【生活型】多年生草本
【分布】我国分布在四川等地。重庆市库区巫山、奉节等区县有分布。
【生境】生于崖壁石隙中。
【饲用价值】适口性好，营养价值高，可青饲、晒制干草。
【其他用途】有药用价值。

木豆属

木　豆

【种名】 木豆

【科名】 豆科

【属名】 木豆属 *Cajanus* DC.

【学名】 *Cajanus cajan*（Linn.）Millsp.

【生活型】 直立灌木

【分布】 原产地或为印度，现世界上热带和亚热带地区普遍有栽培。我国分布于云南、四川、江西、湖南、广西、广东、海南、浙江、福建、台湾、江苏。重庆市各区县主要作为经济作物栽培。

【生境】 生于村旁、宅旁、路边等。

【饲用价值】 叶片鲜嫩，营养丰富，可刈割青饲、晒制干草。

【其他用途】 可食用；植株可作绿肥；根有药用价值。

朱缨花属

朱缨花

【种名】 朱缨花

【科名】 豆科

【属名】 朱缨花属 *Calliandra* Benth. nom. cons.

【学名】 *Calliandra haematocephala* Hasskarl

【别名】 红合欢、红绒球、美蕊花、美洲合欢

【生活型】 落叶灌木或小乔木

【分布】 原产于南美洲。我国台湾、福建、广东有引种。重庆市少见，作为观赏植物有引种栽培。

【生境】 生于岩边、村旁、宅旁和路边等。

【饲用价值】 嫩茎、叶山羊喜食，可刈割青饲。

【其他用途】 作为园林观赏植物。

刀豆属

刀　豆

【种名】刀豆

【科名】豆科

【属名】刀豆属 *Canavalia* DC.

【学名】*Canavalia gladiata*（Jacquin）DC.

【别名】挟剑豆、尖萼刀豆

【生活型】缠绕草本

【分布】热带亚热带及非洲广布。我国长江以南各省区间有栽培。重庆市各区县作为经济作物栽培。

【生境】生于岩边、村旁、宅旁和路边等。

【饲用价值】叶片鲜嫩可口，营养价值高，可青饲，亦可晒制干草。

【其他用途】嫩荚和种子可食用，亦可作绿肥和覆盖物。

锦鸡儿属

锦鸡儿

【种名】锦鸡儿

【科名】豆科

【属名】锦鸡儿属 *Caragana* Fabr.

【学名】*Caragana sinica*（Buc'hoz） Rehder

【别名】金雀花、洋袜脚子、娘娘袜、长爪红花锦鸡儿

【生活型】灌木

【分布】我国产于河北、陕西、江苏、江西、浙江、福建、河南、湖北、湖南、广西北部、四川、贵州、云南。重庆市三峡库区、武陵山区均有分布。

【生境】生于山坡和灌丛。

【饲用价值】叶及嫩茎牛、羊喜食，可青饲，亦可放牧利用。

【其他用途】可作绿篱；供观赏；根皮有药用价值。

柄荚锦鸡儿

【种名】柄荚锦鸡儿

【科名】豆科

【属名】锦鸡儿属 *Caragana* Fabr.

【学名】*Caragana stipitata* Komarov

【生活型】灌木

【分布】我国分布于河北西南部、山西南部、陕西中部、甘肃东部、河南西部。重庆市三峡库区有分布。

【生境】生于海拔 1 000~1 700m 的山坡、沟谷、灌丛或林缘。

【饲用价值】叶及嫩茎牛、羊喜食，可采摘作青绿饲料。

【其他用途】暂无。

紫荆属

紫　荆

【种名】紫荆

【科名】豆科

【属名】紫荆属 *Cercis* Linn.

【学名】*Cercis chinensis* Bunge

【别名】老茎生花、紫珠、裸枝树、满条红、白花紫荆、短毛紫荆

【生活型】丛生或单生灌木

【分布】我国分布于东南部，北至河北，南至广东、广西，西至云南、四川、西北至陕西，东至浙江、江苏和山东等省区。重庆市各区县主要作为园林观赏植物栽培。

【生境】生于庭院、屋旁、街边，少数生于密林或石灰岩地区。

【饲用价值】叶及嫩茎可饲喂山羊。

【其他用途】可作观赏植物；树皮、花具有药用价值。

湖北紫荆

【种名】湖北紫荆

【科名】豆科

【属名】紫荆属 *Cercis* Linn.

【学名】*Cercis glabra* Pampanini

【别名】箩筐树、乌桑树、云南紫荆

【生活型】乔木

【分布】我国分布于湖北西部至西北部、河南西南部、陕西西南部至东南部、四川东北部至东南部、云南、贵州、广西北部、广东北部、湖南、浙江、安徽等省区。重庆市三峡库区、武陵山区有零散分布。

【生境】生于海拔 600~1 900m 的山地疏林或密林中。

【饲用价值】叶及嫩茎山羊喜食，可青饲。

【其他用途】可作观赏植物。

垂丝紫荆

【种名】 垂丝紫荆

【科名】 豆科

【属名】 紫荆属 *Cercis* Linn.

【学名】 *Cercis racemosa* Oliver

【生活型】 乔木

【分布】 我国分布于湖北西部、四川东部、贵州西部至云南东北。重庆市武陵山区、山峡库区偶见。

【生境】 生于海拔 1 000~1 800m 的山地密林中，路旁或村落附近。

【饲用价值】 叶及嫩茎山羊喜食，可青饲。

【其他用途】 可作观赏植物；树皮纤维质韧，可制人造棉和麻类代用品。

香槐属

小花香槐

【种名】 小花香槐

【科名】 豆科

【属名】 香槐属 *Cladrastis* Rafin.

【学名】 *Cladrastis delavayi*（Franchet）Prain

【生活型】 乔木

【分布】 我国分布于陕西、甘肃、福建、湖北、广西、四川、贵州、云南。重庆市山峡库区、大巴山区有零散分布。

【生境】 生于海拔 1 000~2 500m 较温暖的山区杂木林中。

【饲用价值】 叶及嫩茎牛、羊喜食，可刈割青饲。

【其他用途】 可作为观赏植物；黄色染料。

香　槐

【种名】 香槐

【科名】 豆科

【属名】 香槐属 *Cladrastis* Rafin.

【学名】 *Cladrastis wilsonii* Takeda

【别名】 黄槐

【生活型】 落叶乔木

【分布】 我国分布于安徽、浙江、江西、湖北、湖南、贵州等省区。重庆市武陵山区有分布。

【生境】 生于海拔 1 000m 的山坡杂木林缘或林中。

【饲用价值】 叶及嫩茎柔嫩多汁，牛、羊喜食，可刈割青饲。

【其他用途】 有药用价值，具有祛风止痛之功效。

补骨脂属

补骨脂

【种名】 补骨脂

【科名】 豆科

【属名】 补骨脂属 *Cullen* Medik.

【学名】 *Cullen corylifolium*（Linn.）Medikus

【别名】 破故纸

【生活型】 一年生直立草本

【分布】 产于云南（西双版纳）、四川金沙江河谷。印度、缅甸、斯里兰卡有分布。我国河北、山西、甘肃、安徽、江西、河南、广东、广西、贵州等省区有栽培。重庆市各区县作为药用植物有引种栽培。

【生境】 生于山坡、溪边、田边。

【饲用价值】 适口性好，牛、羊喜食，可青饲、晒制干草、青贮。

【其他用途】 种子有补肾壮阳、补脾健胃之功能，并可治牛皮癣等皮肤病。

鱼藤属

锈毛鱼藤

【种名】 锈毛鱼藤

【科名】 豆科

【属名】 鱼藤属 *Derris* Lour.

【学名】 *Derris ferruginea*（Roxb.）Benth.

【别名】 荔枝藤、老荆藤、山茶藤、锈叶鱼藤

【生活型】 攀缘状灌木

【分布】 印度、中南半岛有分布。我国分布于广东、广西、云南。重庆市三峡库区有零散分布。

【生境】 生于低海拔山地的疏林和灌丛中。

【饲用价值】 叶及嫩枝家畜喜食，可刈割青饲。

【其他用途】 暂无。

中南鱼藤

【种名】 中南鱼藤

【科名】 豆科

【属名】 鱼藤属 *Derris* Lour.

【学名】 *Derris fordii* Oliver

【别名】 霍氏鱼藤

【生活型】 攀缘状灌木

【分布】 我国分布于浙江、江西、福建、湖北、湖南、广东、广西、贵州、重庆、云南。重庆市大巴山区、武陵山区偶见。

【生境】 生于山地路旁或山谷的灌木林或疏林中。

【饲用价值】 叶及嫩枝山羊喜食，可青饲。

【其他用途】 暂无。

山黑豆属

小鸡藤

【种名】小鸡藤

【科名】豆科

【属名】山黑豆属 *Dumasia* DC.

【学名】*Dumasia forrestii* Diels

【别名】雀舌豆、大苞山黑豆

【生活型】缠绕草本

【分布】我国分布于云南、西藏（波密）、四川。重庆市三峡库区、武陵山区有零散分布。

【生境】生于海拔 1 800~3 200m 的山坡灌丛中。

【饲用价值】叶片适口性好，家畜喜食，可青饲、晒制干草。

【其他用途】果有药用价值，有止痛、松弛肌肉之效。

硬毛山黑豆

【种名】硬毛山黑豆

【科名】豆科

【属名】山黑豆属 *Dumasia* DC.

【学名】*Dumasia hirsuta* Craib

【生活型】缠绕状草质藤本

【分布】我国分布于广东、广西、湖南、湖北、贵州、四川、江西。重庆市三峡库区、大巴山区有分布。

【生境】生于海拔 750~1 700m 的山坡山谷水旁湿润地。

【饲用价值】叶片柔嫩，营养丰富，可青饲。

【其他用途】暂无。

柔毛山黑豆

【种名】柔毛山黑豆

【科名】豆科

【属名】山黑豆属 *Dumasia* DC.

【学名】*Dumasia villosa* DC.

【别名】毛小鸡藤、台湾山黑豆

【生活型】缠绕状草质藤本

【分布】印度、尼泊尔、斯里兰卡、泰国、老挝、越南、印度尼西亚（爪哇）、菲律宾群岛有分布。我国分布于西藏（察偶）、云南、广西（那坡）、贵州、四川、陕西。重庆市三峡库区、武陵山区偶见。

【生境】生于海拔400~2 500m山谷溪边灌丛中。

【饲用价值】叶片柔嫩，山羊喜食，可青饲、青贮、晒制干草。

【其他用途】种子油供工业用。

山豆根属

山豆根

【种名】山豆根

【科名】豆科

【属名】山豆根属 *Euchresta* Benn.

【学名】*Euchresta japonica* J. D. Hooker ex Regel

【别名】三小叶山豆根

【生活型】藤状灌木

【分布】日本有分布。我国分布于广西、广东、四川、湖南、江西、浙江。重庆市三峡库区、大巴山区可见。

【生境】生于海拔 800~1 350m 的山谷或山坡密林中。

【饲用价值】叶及嫩枝柔嫩，营养价值高，可青饲。

【其他用途】干燥根和根茎有药用价值，具有清热解毒、消肿利咽功效。

管萼山豆根

【种名】管萼山豆根

【科名】豆科

【属名】山豆根属 *Euchresta* Benn.

【学名】*Euchresta tubulosa* Dunn

【别名】鄂豆根、胡豆连、胡豆蓬、胡豆七

【生活型】灌木

【分布】我国分布于四川、湖北（鹤峰、恩施、利川、建始、巴东、宜昌、长阳、五峰）、湖南。重庆市三峡库区有分布。

【生境】生于海拔 300~1 200m 处的山地、密林中。

【饲用价值】叶及嫩枝山羊喜食，可青饲、晒制干草。

【其他用途】有药用价值，有清热、解毒、消肿、止痛等功效。

千斤拔属

千斤拔

【种名】千斤拔
【科名】豆科
【属名】千斤拔属 *Flemingia* Roxb. ex W. T. Ait.
【学名】*Flemingia prostrata* C. Y. Wu
【别名】蔓千斤拔、吊马桩、吊马墩、一条根、老鼠尾、钻地风
【生活型】直立或披散亚灌木
【分布】菲律宾有分布。我国分布于云南、四川、重庆、贵州、湖北、湖南、广西、广东、海南、江西、福建和台湾。重庆市各区县有零散分布。
【生境】生于海拔 50~300m 的平地旷野或山坡路旁草地上。
【饲用价值】叶及嫩枝适口性好，山羊、牛喜食，可青饲。
【其他用途】根有药用价值。

河边千斤拔

【种名】河边千斤拔
【科名】豆科
【属名】千斤拔属 *Flemingia* Roxb. ex W. T. Ait.
【学名】*Flemingia fluminalis* C. B. Clarke ex Prain
【生活型】小灌木
【分布】印度、孟加拉国、缅甸、老挝、越南有分布。我国分布于云南、四川、重庆市、广西。重庆市三峡库区、武陵山区有分布。
【生境】生于海拔数百米的平地或山坡灌丛中。
【饲用价值】叶及嫩枝牛、羊喜食，可青饲、晒制干草，亦可放牧利用。
【其他用途】有药用价值，治风湿关节痛。

大叶千斤拔

【种名】大叶千斤拔

【科名】豆科

【属名】千斤拔属 *Flemingia* Roxb. ex W. T. Ait.

【学名】*Flemingia macrophylla*（Willdenow） Prain

【生活型】直立灌木

【分布】印度、孟加拉国、缅甸、老挝、越南、柬埔寨、马来西亚、印度尼西亚有分布。我国分布于云南、贵州、四川、江西、福建、台湾、广东、海南、广西。重庆市各区县有零散分布。

【生境】生于海拔 200~1 500m 旷野草地上或灌丛中，山谷路旁和疏林阳处亦有生长。

【饲用价值】叶及嫩枝营养丰富，适口性好，牛、羊喜食，可刈割青饲。

【其他用途】根有药用价值。

皂荚属

山皂荚

【种名】 山皂荚

【科名】 豆科

【属名】 皂荚属 *Gleditsia* Linn.

【学名】 *Gleditsia japonica* Miquel

【别名】 山皂角、皂荚树、皂角树、悬刀树、荚果树、乌犀树、鸡栖子、日本皂荚

【生活型】 落叶乔木或小乔木

【分布】 日本、朝鲜有分布。我国分布于辽宁、河北、山东、河南、江苏、安徽、浙江、江西、湖南。重庆市各区县均有分布。

【生境】 生于海拔 100～1 000m 向阳山坡或谷地、溪边路旁。

【饲用价值】 叶及嫩枝适口性好，山羊喜食，可刈割青饲。

【其他用途】 嫩叶可食用；荚果用以洗涤，并可作染料；种子有药用价值。

皂　荚

【种名】 皂荚

【科名】 豆科

【属名】 皂荚属 *Gleditsia* Linn.

【学名】 *Gleditsia sinensis* Lamarck

【别名】 皂角、皂荚树、猪牙皂、牙皂、刀皂、三刺皂角

【生活型】 落叶乔木或小乔木

【分布】 我国分布于河北、山东、河南、山西、陕西、甘肃、江苏、安徽、浙江、江西、湖南、湖北、福建、广东、广西、四川、贵州、云南等省区。重庆市各区县均有分布。

【生境】 生于海拔自平地至 2 500m 的山坡林中或谷地、路旁。

【饲用价值】 叶及嫩枝山羊喜食，可青饲。

【其他用途】 嫩芽可食用；荚果用以洗涤；荚、籽、刺有药用价值。

甘草属

刺果甘草

【**种名**】刺果甘草

【**科名**】豆科

【**属名**】甘草属 *Glycyrrhiza* Linn.

【**学名**】*Glycyrrhiza pallidiflora* Maximowicz

【**生活型**】多年生草本

【**分布**】俄罗斯远东地区有分布。我国分布于东北、华北各省区及陕西、山东、江苏。重庆市武陵山区偶见。

【**生境**】生于河滩地、岸边、田野、路旁。

【**饲用价值**】枝叶柔嫩多汁，牛、羊喜食，可青饲，亦可放牧利用。

【**其他用途**】茎叶可作绿肥。

米口袋属

川鄂米口袋

【种名】 川鄂米口袋
【科名】 豆科
【属名】 米口袋属 *Gueldenstaedtia* Fisch.
【学名】 *Gueldenstaedtia henryi* Ulbrich
【生活型】 多年生草本
【分布】 我国分布于湖北、四川。重庆市长江沿岸各区县有分布。
【生境】 生于低海拔山地的疏林和灌丛中。
【饲用价值】 营养丰富，牛、羊喜食，可青饲或放牧利用。
【其他用途】 有药用价值，用于跌扑闪挫或金疮伤、筋断、骨折伤。

肥皂荚属

肥皂荚

【种名】肥皂荚

【科名】豆科

【属名】肥皂荚属 *Gymnocladus* Lam.

【学名】*Gymnocladus chinensis* Baillon

【别名】肥猪子、肥皂树、油皂、肉皂角

【生活型】落叶乔木

【分布】我国分布于江苏、浙江、江西、安徽、福建、湖北、湖南、广东、广西、四川等省区。重庆市各区县常见。

【生境】生于海拔 150~1 500m 山坡、山腰、杂木林中、竹林中以及岩边、村旁、宅旁和路边等。

【饲用价值】叶及嫩枝山羊喜食，可青饲、晒制干草。

【其他用途】果有药用价值；种子油可作油漆等工业用油。

扁豆属

扁　豆

【种名】 扁豆

【科名】 豆科

【属名】 扁豆属 *Lablab* Adans.

【学名】 *Lablab purpureus*（Linn.） Sweet

【别名】 白花扁豆、鹊豆、沿篱豆、藤豆、膨皮豆、火镰扁豆、扁豆、片豆、梅豆、驴耳朵豆角

【生活型】 多年生缠绕藤本

【分布】 原产于印度，分布在热带、亚热带地区。中国南北均有种植。重庆市各区县作为经济作物栽培。

【生境】 生长在路边、房前屋后、沟边等。

【饲用价值】 叶片适口性好，营养丰富，家畜喜食，可青饲、晒制干草、青贮。

【其他用途】 嫩荚可食用；白花和白色种子有药用价值，有消暑除湿，健脾止泻之功效。

山黧豆属

中华山黧豆

【种名】中华山黧豆

【科名】豆科

【属名】山黧豆属 *Lathyrus* Linn.

【学名】*Lathyrus dielsianus* Harms

【生活型】多年生草本

【分布】我国分布于陕西南部、山西西南部及四川东部、南部、湖北西北部。重庆市南川、武隆等区县有分布。

【生境】生长于水边、山坡、沟内等阴湿处或疏林下。

【饲用价值】适口性好，家畜喜食，可青饲，亦可放牧利用。

【其他用途】暂无。

牧地山黧豆

【种名】牧地山黧豆

【科名】豆科

【属名】山黧豆属 *Lathyrus* Linn.

【学名】*Lathyrus pratensis* Linn.

【别名】牧地香豌豆

【生活型】多年生草本

【分布】较广泛分布于欧洲及亚洲。我国分布于黑龙江、陕西、甘肃、青海、新疆、四川、云南及贵州等省区。重庆市武陵山区城口县等地有分布。

【生境】生于海拔 1 000~3 000m 山坡草地、疏林下、路旁阴处。

【饲用价值】全草柔嫩多汁，营养丰富，家畜喜食，青饲或放牧利用。

【其他用途】可作蜜源植物。

山黧豆

【种名】山黧豆

【**科名**】豆科

【**属名**】山黧豆属 *Lathyrus* Linn.

【**学名**】*Lathyrus quinquenervius*（Miquel） Litvinov

【**别名**】五脉山黧豆、五脉香豌豆

【**生活型**】多年生草本

【**分布**】朝鲜、日本及俄罗斯远东地区有分布。我国分布于东北、华北及陕西等地，甘肃南部、青海东部也有。重庆市各区县常见。

【**生境**】生于山坡、林缘、路旁、草甸等处，最高可到海拔 2 500m。

【**饲用价值**】全草柔嫩多汁，营养丰富，家畜喜食，青饲或放牧利用。

【**其他用途**】可作蜜源植物。

银合欢属

银合欢

【种名】 银合欢

【科名】 豆科

【属名】 银合欢属 *Leucaena* Benth.

【学名】 *Leucaena leucocephala*（Lamarck） de Wit

【别名】 白合欢

【生活型】 灌木或小乔木

【分布】 原产于热带美洲，现广泛分布于各热带地区。我国分布于台湾、福建、广东、广西和云南。重庆市各区县均有栽培。

【生境】 生于低海拔的荒地或疏林中。

【饲用价值】 叶及嫩枝可作家畜的饲料。植株因含含羞草素和 α-氨基酸，马、驴、骡及阉猪等不宜大量饲喂。

【其他用途】 叶可作绿肥；可作绿篱；木材可作薪炭材。

羽扇豆属

多叶羽扇豆

【种名】 多叶羽扇豆
【科名】 豆科
【属名】 羽扇豆属 *Lupinus* Linn.
【学名】 *Lupinus polyphyllus* Lindley
【生活型】 多年生草本
【分布】 原产于美国西部。我国有引种栽培。重庆市少见，永川等区县有引种栽培。
【生境】 生于河岸、草地和潮湿林地。
【饲用价值】 营养丰富，家畜喜食，青饲或晒制干草。
【其他用途】 可作园林观赏植物。

马鞍树属

马鞍树

【种名】 马鞍树

【科名】 豆科

【属名】 马鞍树属 *Maackia* Rupr. et Maxim.

【学名】 *Maackia hupehensis* Takeda

【别名】 山槐、臭槐

【生活型】 乔木

【分布】 我国分布于陕西、江苏、安徽、浙江、江西、河南、湖北、湖南、四川。重庆市綦江、南川等区县有分布。

【生境】 生于海拔 550~2 300m 山坡、溪边、谷地。

【饲用价值】 叶及嫩枝可作家畜的饲料，晒干磨成粉，可掺作喂猪鸡的粗饲料。

【其他用途】 可作观赏植物；根及茎皮有药用价值；嫩枝幼叶可作为野菜食用。

含羞草属

含羞草

【**种名**】含羞草

【**科名**】豆科

【**属名**】含羞草属 *Mimosa* Linn.

【**学名**】*Mimosa pudica* Linn.

【**别名**】怕羞草、害羞草、怕丑草、呼喝草、知羞草

【**生活型**】披散、亚灌木状草本

【**分布**】原产热带美洲，现广泛分布于世界热带地区。我国分布于台湾、福建、广东、广西、云南等地。重庆市西南部，长江沿岸各区县有零散分布。

【**生境**】生于旷野荒地、灌木丛中。

【**饲用价值**】叶及嫩枝可作家畜的饲料，青饲。

【**其他用途**】全草有药用价值。

油麻藤属

黧豆

【种名】黧豆

【科名】豆科

【属名】油麻藤属 *Mucuna* Adans.

【学名】*Mucuna pruriens* var. *utilis*（Wallich ex Wight） Baker ex Burck

【别名】狗爪豆、猫豆、龙爪黧豆

【生活型】一年生缠绕藤本

【分布】亚洲热带、亚热带地区均有栽培。我国分布于广东、海南、广西、四川、贵州、湖北和台湾（逸生）等省区。重庆市南川金佛山区域有分布。

【生境】生于低海拔山地的疏林和灌丛中。

【饲用价值】叶片可作家畜饲料，可青饲，亦可晒制干草。

【其他用途】可作绿肥。

常春油麻藤

【种名】常春油麻藤

【科名】豆科

【属名】油麻藤属 *Mucuna* Adans.

【学名】*Mucuna sempervirens* Hemsley

【别名】常绿油麻藤、牛马藤、棉麻藤

【生活型】常绿木质藤本

【分布】日本有分布。我国分布于四川、贵州、云南、陕西南部（秦岭南坡）、湖北、浙江、江西、湖南、福建、广东、广西。重庆市三峡库区、武陵山区常见。

【生境】生于海拔 300~3 000m 的亚热带森林、灌木丛、溪谷、河边。

【饲用价值】叶及嫩枝营养丰富，山羊喜食，可青饲，亦可放牧利用。

【其他用途】茎藤有药用价值；茎皮可织草袋及制纸；块根可提取淀粉；种子可榨油。

小槐花属

小槐花

【种名】小槐花

【科名】豆科

【属名】小槐花属 *Ohwia* H. Ohashi

【学名】*Ohwia caudata*（Thunberg）H. Ohashi

【别名】拿身草、粘身柴咽、黏草子、粘人麻、山扁豆

【生活型】直立灌木或亚灌木

【分布】印度、斯里兰卡、不丹、缅甸、马来西亚、日本、朝鲜有分布。我国分布于长江以南各省区，西至喜马拉雅山，东至台湾。重庆市各区县常见。

【生境】生于海拔 150～1 000m 山坡、路旁草地、沟边、林缘或林下。

【饲用价值】叶及嫩枝适口性好，牛、羊喜食，可青饲或晒制干草。

【其他用途】根、叶有药用价值，能祛风活血、利尿、杀虫。

红豆属

花榈木

【种名】花榈木

【科名】豆科

【属名】红豆属 *Ormosia* Jacks.

【学名】*Ormosia henryi* Prain

【别名】红豆树、臭桶柴、花梨木、亨氏红豆、马桶树、烂锅柴、硬皮黄檗

【生活型】常绿乔木

【分布】主要分布于全球热带地区。我国分布于安徽、浙江、江西、湖南、湖北、广东、四川、贵州、云南。重庆市三峡库区有零散分布。

【生境】生于低海拔山地的疏林和灌丛中。

【饲用价值】叶及嫩枝山羊偶有采食，可青饲。

【其他用途】有药用价值；可作优良木材。

红豆树

【种名】红豆树

【科名】豆科

【属名】红豆属 *Ormosia* Jacks.

【学名】*Ormosia hosiei* Hemsley & E. H. Wilson

【别名】何氏红豆、鄂西红豆、江阴红豆

【生活型】常绿或落叶乔木

【分布】我国分布于陕西（南部）、甘肃（东南部）、江苏、安徽、浙江、江西、福建、湖北、四川、贵州。重庆市武陵山区、大巴山区有零散分布。

【生境】生于海拔 200~900m 河旁、山坡、山谷林内。

【饲用价值】叶及嫩枝山羊偶有采食，可青饲。

【其他用途】有药用价值，具有理气、通经之功效；可作优良木材。

秃叶红豆

【种名】秃叶红豆

【科名】豆科

【属名】红豆属 *Ormosia* Jacks.

【学名】*Ormosia nuda*（F. C. How） R. H. Chang & Q. W. Yao

【生活型】常绿乔木

【分布】我国分布于湖北（利川）、广东（北部）、贵州（南部）、云南（景东）。重庆市三峡库区有零散分布。

【生境】生长于海拔 800~2 000m 的山谷、坑边混交林内。

【饲用价值】叶及嫩枝牛、羊喜食，可青饲或晒制干草。

【其他用途】有药用价值。

豆薯属

豆　薯

【种名】豆薯

【科名】豆科

【属名】豆薯属 *Pachyrhizus* Rich. ex DC.

【学名】*Pachyrhizus erosus*（Linn.） Urban

【别名】沙葛、地瓜、凉薯、番葛

【生活型】粗壮、缠绕、草质藤本

【分布】原产热带美洲，现许多热带地区均有种植。我国分布于台湾、福建、广东、海南、广西、云南、四川、贵州、湖南和湖北等地。重庆市渝西南永川等区县有栽培。

【生境】生于房前屋后、村庄周围及路边。

【饲用价值】柔嫩多汁，营养丰富，块根和叶片均可作家畜的饲料，青饲为主。

【其他用途】块根可生食或熟食；种子可作杀虫剂，防治蚜虫有效。

菜豆属

荷包豆

【种名】 荷包豆

【科名】 豆科

【属名】 菜豆属 *Phaseolus* Linn.

【学名】 *Phaseolus coccineus* Linn.

【别名】 多花菜豆、红花菜豆、龙爪豆看豆、看花豆、花豆

【生活型】 多年生缠绕草本

【分布】 原产于中美洲，现各温带地区广泛栽培。我国分布于东北、华北至西南有栽培。重庆市各区县均有栽培。

【生境】 生于房前屋后、村庄周围及路边。

【饲用价值】 叶柔嫩多汁，牛、羊喜食，可青饲或晒制干草。

【其他用途】 嫩荚、种子或块根可供食用；可作庭院观赏植物。

棉　豆

【种名】 棉豆

【科名】 豆科

【属名】 菜豆属 *Phaseolus* Linn.

【学名】 *Phaseolus lunatus* Linn.

【别名】 金甲豆、香豆、大白芸豆、雪豆

【生活型】 一年生或多年生缠绕草本

【分布】 原产于热带美洲，现广植于热带及温带地区。我国分布于云南、广东、海南、广西、湖南、福建、江西、山东、河北等省区。重庆市少见，部分区县有引种栽培。

【生境】 生于房前屋后、村庄周围及路边。

【饲用价值】 叶片柔嫩多汁，家畜喜食，可青饲。

【其他用途】 成熟的种子供蔬食；荚不堪食。有的品种的种子含氢氰酸，食前应先用水煮沸，然后换清水浸过。

菜　豆

【种名】 菜豆

【科名】 豆科

【属名】 菜豆属 *Phaseolus* Linn.

【学名】 *Phaseolus vulgaris* Linn.

【别名】 香菇豆、芸豆、四季豆、云扁豆、矮四季豆、地豆、豆角

【生活型】 一年生、缠绕或近直立草本

【分布】 原产于美洲，现广植于各热带至温带地区。我国均有栽培。重庆市各区县均有栽培。

【生境】 生于房前屋后、村庄周围。

【饲用价值】 叶柔嫩多汁，家畜喜食，可青饲。

【其他用途】 嫩荚可供蔬食。

蔓黄芪属

背扁膨果豆

【种名】背扁膨果豆

【科名】豆科

【属名】蔓黄芪属 *Phyllolobium* Fisch.

【学名】*Phyllolobium chinense* Fisch. ex DC.

【别名】沙苑子、潼蒺藜、夏黄耆、蔓黄耆、沙苑蒺藜、背扁黄耆

【生活型】多年生草本

【分布】我国分布于东北、华北及河南、陕西、宁夏、甘肃、江苏、四川。重庆市三峡库区、武陵山区有零散分布。

【生境】生于疏林和灌丛中。

【饲用价值】叶及嫩枝可作家畜的饲料，青饲或是调制成青干草粉搭配饲喂均可。

【其他用途】可作绿肥植物；可作水土保持植物；种子有药用价值。

豌豆属

豌　豆

【种名】 豌豆
【科名】 豆科
【属名】 豌豆属 *Pisum* Linn.
【学名】 *Pisum sativum* Linn.
【别名】 荷兰豆、雪豆、麦豆、毕豆、回鹘豆、耳朵豆
【生活型】 一年生攀缘草本
【分布】 我国均有栽培。重庆市各区县有栽培。
【生境】 生于村庄周围、房前屋后的空地上。
【饲用价值】 茎、叶多汁，家畜喜食，可青饲或晒制干草。
【其他用途】 种子及嫩荚、嫩苗均可食用；种子有药用价值；茎叶可作绿肥。

四棱豆属

四棱豆

【种名】 四棱豆

【科名】 豆科

【属名】 四棱豆属 *Psophocarpus* Neck. ex DC.

【学名】 *Psophocarpus tetragonolobus*（Linn.） DC.

【生活型】 一年生或多年生攀缘草本

【分布】 原产地可能是亚洲热带地区，现亚洲南部、大洋洲、非洲等地均有栽培。我国分布于云南、广西、广东、海南和台湾。重庆市各区县有引种栽培。

【生境】 生于村庄周围、房前屋后的空地上。

【饲用价值】 茎、叶柔嫩多汁，牛、羊喜食，可青饲或晒制干草。

【其他用途】 嫩叶、嫩荚可作蔬菜，块根亦可食用。

老虎刺属

老虎刺

【种名】老虎刺

【科名】豆科

【属名】老虎刺属 *Pterolobium* R. Br. ex Wight et Arn.

【学名】*Pterolobium punctatum* Hemsley

【别名】雀不踏、蚰蛇利、崖婆勒、倒钩藤、石龙花、倒爪刺

【生活型】木质藤本或攀缘性灌木

【分布】我国分布于江西、湖北、湖南、广东、广西、四川、重庆、贵州、云南等省区。重庆市武陵山区、大巴山区有分布。

【生境】生于海拔 800~1 200m 的山坡、林中或路边、宅旁。

【饲用价值】嫩枝纤维素含量低，山羊喜采食，可青饲。

【其他用途】根、叶有药用价值。

刺槐属

刺　槐

【种名】刺槐

【科名】豆科

【属名】刺槐属 *Robinia* Linn.

【学名】*Robinia pseudoacacia* Linn.

【别名】洋槐、槐花、伞形洋槐、塔形洋槐

【生活型】落叶乔木

【分布】原产于美国东部，17 世纪传入欧洲及非洲。我国于 18 世纪末从欧洲引入青岛栽培，现全国各地广泛栽植。重庆市各区县均有引种栽植。

【生境】生于山地的疏林和灌丛中。

【饲用价值】叶及嫩枝适口性好，家畜喜食，主要为青饲。

【其他用途】可作蜜源植物；庭院观赏植物；是优良木材。

田菁属

田　菁

【种名】田菁

【科名】豆科

【属名】田菁属 *Sesbania* Scop.

【学名】*Sesbania cannabina*（Retzius）Poiret

【别名】向天蜈蚣

【生活型】一年生草本

【分布】分布于伊拉克、印度、中南半岛、马来西亚、巴布亚新几内亚、新喀里多尼亚、澳大利亚、加纳、毛里塔尼亚。我国分布于海南、江苏、浙江、江西、福建、广西、云南有栽培或逸为野生。重庆市渝西南永川、江津等区县有栽培。

【生境】生于水田、水沟等潮湿低地。

【饲用价值】植株柔嫩多汁，家畜喜食，可青饲，亦可放牧利用。

【其他用途】可作绿肥。

印度田菁

【种名】印度田菁

【科名】豆科

【属名】田菁属 *Sesbania* Scop.

【学名】*Sesbania sesban*（Linn.）Merrill

【别名】埃及田菁

【生活型】灌木状草本

【分布】整个热带东部都有分布。我国台湾（台北、彰化、澎湖）和海南有栽培。重庆市三峡库区、大巴山区有栽培。

【生境】生于低海拔的山坡、路边、水沟旁。

【饲用价值】叶及嫩枝家畜喜食，可青饲，亦可放牧利用。

【其他用途】茎、枝可为竹子代用品；烧制木炭可作火药原料；茎皮供制绳索；枝、叶可作绿肥。

葫芦茶属

葫芦茶

【种名】葫芦茶

【科名】豆科

【属名】葫芦茶属 *Tadehagi* Ohashi

【学名】*Tadehagi triquetrum*（Linn.） Ohashi

【别名】百劳舌、牛虫草、懒狗舌

【生活型】灌木或亚灌木

【分布】主要分布于印度、斯里兰卡、缅甸、泰国、越南、老挝、柬埔寨、马来西亚、太平洋群岛、新喀里多尼亚和澳大利亚北部。我国分布于福建、江西、广东、海南、广西、贵州及云南。重庆市武陵山区、大巴山区有零散分布。

【生境】生于海拔 1 400m 以下的荒地或山地林缘，路旁。

【饲用价值】叶及嫩枝适口性好，牛、羊喜食，可青饲。

【其他用途】有药用价值，有清热解毒、健脾消食和利尿之功效。

酸豆属

酸 豆

【种名】酸豆

【科名】豆科

【属名】酸豆属 *Tamarindus* Linn.

【学名】*Tamarindus indica* Linn.

【别名】罗望子、酸角、酸梅

【生活型】乔木

【分布】原产于非洲，现各热带地均有栽培。我国分布于台湾、福建、广东、广西、云南南部、中部和北部。重庆市三峡库区有栽培。

【生境】生于低海拔山地的疏林和灌丛中。

【饲用价值】叶及嫩枝营养丰富，牛、羊喜食，可青饲或晒制干草。

【其他用途】果肉可供食用；果汁可作清凉饮料；种仁可榨食用油；果实有药用价值；叶、花、果实与其他含有染料的花混合，可作染料。

胡卢巴属

胡卢巴

【种名】 胡卢巴

【科名】 豆科

【属名】 胡卢巴属 *Trigonella* Linn.

【学名】 *Trigonella foenum-graecum* Linn.

【别名】 香草、香豆、芸香

【生活型】 一年生草本

【分布】 分布于地中海东岸、中东、伊朗高原以至喜马拉雅地区。我国南北各地均有栽培，在西南、西北各地呈半野生状态。重庆市各区县均有栽培。

【生境】 生于田间、路旁。

【饲用价值】 嫩茎、叶柔嫩多汁，家畜喜食，可作新型蛋白饲料原料。

【其他用途】 可作蔬菜食用；可作糕点增香剂；干全草可驱除害虫；有药用价值。

荆豆属

荆　豆

【种名】 荆豆
【科名】 豆科
【属名】 荆豆属 *Ulex* Linn.
【学名】 *Ulex europaeus* Linn.
【生活型】 多刺灌木
【分布】 原产于欧洲。我国常见栽培。重庆市城口县有逸出的大片居群。
【生境】 生于山地的疏林和灌丛中。
【饲用价值】 叶及嫩枝家畜可食，为优良牧草。
【其他用途】 可作观赏植物。

狸尾豆属

中华狸尾豆

【种名】 中华狸尾豆

【科名】 豆科

【属名】 狸尾豆属 *Uraria* Desv.

【学名】 *Uraria sinensis*（Hemsley） Franchet

【生活型】 亚灌木

【分布】 我国分布于湖北、四川、贵州、云南、陕西（勉县）、甘肃（文县）。重庆市三峡库区有分布。

【生境】 生于海拔 500~2 300m 干燥河谷山坡、疏林下、灌丛中或高山草原。

【饲用价值】 适口性良好，牛羊一般喜食嫩枝叶，为优良牧草。

【其他用途】 未知。

紫藤属

紫 藤

【种名】紫藤

【科名】豆科

【属名】紫藤属 *Wisteria* Nutt.

【学名】*Wisteria sinensis*（Sims） Sweet

【生活型】落叶藤本

【分布】我国分布于河北以南黄河长江流域及陕西、河南、广西、贵州、云南。重庆市各区县均有栽培。

【生境】生于房前屋后、路边、坡地。

【饲用价值】叶及嫩枝各种家畜可食，为优良牧草。

【其他用途】作庭园棚架植物。

索　引

禾本科 Gramineae

稗 *Echinochloa crusgalli*（L.）P. Beauv.

臭根子草 *Bothriochloa bladhii*（Retz.）S. T. Blake

大狗尾草 *Setaria faberi* R. A. W. Herrmann

拂子茅 ***Calamagrostis epigeios*（L.）Roth**

金丝草 ***Pogonatherum crinitum*（Thunb.）Kunth**

盖氏虎尾草 ***Chloris gayana* Kunth**

刚莠竹 ***Microstegium ciliatum*（Trin.）A. Camus**

高粱 ***Sorghum bicolor*（L.）Moench**

扭黄茅 ***Heteropogon contortus*（L.）P. Beauv.**

菰（茭白）***Zizania latifolia*（Griseb.）Stapf**

假稻李氏禾 ***Leersia japonica*（Makino）Honda**

菅 ***Themeda villosa*** **(Poir.) A. Camus**

金色狗尾草 ***Etaria pumila*** **(Poiret) Roemer & Schultes**

狼尾草 ***Pennisetum alopecuroides*** **(L.) Spreng**

类芦 ***Neyraudia reynaudiana*（kunth.）Keng**

芦竹 ***Arundo donax* L.**

双穗雀稗 ***Paspalum distichum* L.**

燕麦 ***Avena sativa*** **L.**

薏苡 ***Coix lacryma-jobi*** **L.**

棕叶狗尾草 ***Setaria palmifolia*（Koen.）Stapf**

野古草 ***Arundinella anomala* Stend**

甜根子草 ***Saccharum spontaneum*** **L.**

长芒稗 ***Echinochloa caudata*** **Roshev**

鸭茅 ***Dactylis glomerata*** **L.**

蔗茅 ***Saccharum ufipilum* Steudel**

求米草 ***Oplismenus undulatifolius*（Arduino）Beauv.**

鼠尾粟 ***Sporobolus fertilis*（Steud.）W. D. Glayt.**

五节芒 ***Miscanthus floridulus*（Lab.）Warb. ex Schum et Laut.**

油芒 ***Spodiopogon cotulifer*（Thunberg）Hackel**

豆科 Leguminosae

鞍叶羊蹄甲
Bauhinia brachycarpa Wall. **ex Benth.**

广布野豌豆
Vicia cracca L.

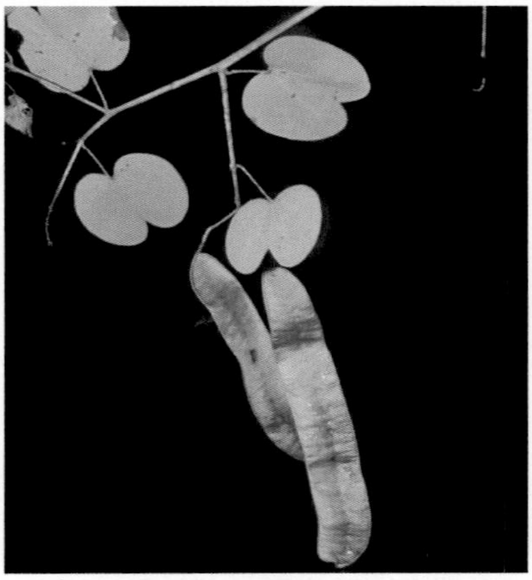

薄叶羊蹄甲 ***Bauhinia glauca*** **subsp.** ***tenuiflora*** **（Watt ex C.B.Clarke）K.et S.S.Larsen**

赤小豆 ***Vigna umbellata*** **（Thunb.） Ohwi et Ohashi**

短梗胡枝子 ***Lespedeza cyrtobotrya*** **Miq.**

饿蚂蝗 ***Desmodium multiflorum*** **DC.**

杭子梢 ***Campylotropis macrocarpa*** **(Bge.) Rehd.**

合欢 ***Albizia julibrissin*** **Durazz**

合萌 ***Aeschynomene indica*** **L.**

河北木蓝（马棘）***Indigofera bungeana*** **Walp.**

红车轴草 ***Trifolium pratense*** **L.**

胡枝子 ***Lespedeza bicolor*** **Turcz.**

黄花草木樨 ***Melilotus officinalis*** **（L.）Pall.**

鸡眼草 ***Kummerowia striata*** **（Thunb.）Schindl**

截叶铁扫帚 ***Lespedeza cuneata*** **(Dum.-Cours.) G. Don**

两型豆 ***Amphicarpaea edgeworthii*** **Benth**

铁马鞭 ***Lespedeza pilosa*** **(Thunb.) Sieb. et Zucc.**

野大豆 ***Glycine soja*** **Sieb. et Zucc.**

圆锥山蚂蝗 ***Desmodium elegans*** **DC.**

长柄山蚂蝗 ***Hylodesmum podocarpum*** **(DC.) Yang et Huang**

长波叶山蚂蝗 ***Desmodium sequax*** **Wallich**

救荒野豌豆 ***Vicia sativa*** **L.**

紫云英 ***Astragalus sinicus*** **L.**

粉葛 ***Pueraria montana*** **var.** ***thomsonii*** **（Bentham）M. R. Almeida**